湖北新时代
治水兴水战略研究

蔡俊雄　廖　琪　易　川／主编

中国环境出版集团·北京

图书在版编目（CIP）数据

湖北新时代治水兴水战略研究/蔡俊雄，廖琪，易川主编. —北京：中国环境出版集团，2021.6

ISBN 978-7-5111-4714-1

Ⅰ. ①湖… Ⅱ. ①蔡…②廖…③易… Ⅲ. ①水利工程—发展战略—研究—湖北 Ⅳ. ①TV

中国版本图书馆 CIP 数据核字（2021）第 084583 号

出 版 人 武德凯
责任编辑 丁莞歆
责任校对 任 丽
封面设计 宋 瑞

出版发行 中国环境出版集团
（100062 北京市东城区广渠门内大街 16 号）
网　　址：http://www.cesp.com.cn
电子邮箱：bjgl@cesp.com.cn
联系电话：010-67112765（编辑管理部）
010-67147349（第四分社）
发行热线：010-67125803，010-67113405（传真）

印　　刷 北京建宏印刷有限公司
经　　销 各地新华书店
版　　次 2021 年 6 月第 1 版
印　　次 2021 年 6 月第 1 次印刷
开　　本 787×960 1/16
印　　张 10.5
字　　数 130 千字
定　　价 69.00 元

编委会

主　编：蔡俊雄　廖　琪　易　川

副主编：黄雅玮　张　伟　李　娜　董　威

编　委：容　誉　邵晓莉　向罗京　张逸婷

陈　畅　张佟佟　耿瑞雪　罗红成

关　帅　周子雷　李苇苇　赵玉凤

主　审：沈晓鲤

序

水是生产之要、生态之基、生命之源，对水资源的高效利用、合理开发和有效保护关系到我国经济社会的可持续发展。习近平总书记强调，保障水安全，关键要转变治水思路，按照“节水优先、空间均衡、系统治理、两手发力”的方针治水。治水为民，兴水强国。治水事业关乎国计民生，关乎民族复兴，功在当代，利在千秋。

近年来，湖北省深入贯彻落实习近平总书记关于系统治水的重要论述，立足解决水资源利用中存在的突出问题，采取有效措施促进水资源的合理开发、利用和保护，追求科学、有序的高质量发展，精准系统谋划治水兴水的科学蓝图。通过布局“一芯两带三区”区域和产业发展战略，启动实施了长江经济带绿色发展十大战略性举措，向改革要红利，加速产业“腾笼换鸟”，努力实现长江大保护下的高质量发展；通过创新攻坚，构建安全、健康、优美的水系，为经济社会的科学发展奠定坚实基础。湖北省在治水中注重空间资源均衡，兼顾长期效果；突出协同性，坚持节水增效、两手发力，建立健全治水兴水的科学体制机制。对于科学利用水资源、优化产业布局等一系列重大投资项目，湖北省坚持规划“留白”理念，从长计议，绝不让今天的发展成为明天的“包袱”，努力做到持续改善生态环境质量，提高人民群众的获得感、幸福感和安全感。同时，还要清醒地看到，湖北省的治水兴水还面临着严峻挑战：缺水现象依然存在，水资源的季节性、区域性分布极不均衡，水生态历史欠账较多，水资源的刚性约束依然较大。

本书是在蔡俊雄博士承担完成的湖北省政府智力成果采购重点项目——“湖北新时代治水兴水战略研究”成果的基础上，广泛汲取湖北省在长江大保护方面的研究成果，撰写而成的一部实用性、综合性著作。本书对湖北省新时代治水兴水战略研究背景及研究思路，当前湖北省水环境状况以及在水污染防治、水生态修复、水环境管理方面所取得的成效进行了深入分析，总结了一套可复制、可推广的治水兴水“湖北经验”。本书的出版，无疑将为讲好治水兴水的“湖北故事”起到“超前、导向、实用”的作用，为我国坚持治水为民、不断开创兴水强国的新局面提供了“湖北经验”。

在本书出版之际，我欣然作序，以为水科学工作者鼓与呼。

王焰新

中国科学院院士

2020 年 12 月 26 日

前言

湖北，坐拥千湖，湖库塘堰星罗棋布；两江交汇，长江、汉江在此汇合，长江“黄金水道”横穿其境 1 061 km，汉江纵贯腹中 858 km 后汇入丹江口水库。水是湖北发展的最大优势资源，但湖北却“优于水又忧于水”，地理环境决定了湖北水资源分布不均匀，易旱易涝，既有江汉平原的“水袋子”，又有鄂西北的“旱包子”。多年来，湖北水资源的过度开发使江汉湖群遭到大面积的围垦造田、填湖开发建设，湖泊的数量急剧减缩；环境污染问题加剧了“水忧”，一些地方政府部门重经济发展、轻环境保护，水环境保护投入不足，污染事件频发；省内部分支流污染加重，城市内湖和河渠多为黑臭水体，长江、汉江干流的水质不容乐观。水资源管理多个部门职能交叉，形成了“九龙治水”的局面，但实际上是“九龙未治好水”。

作为水资源大省的湖北，承载着国家中部地区及长江流域的重大生态功能，地位十分特殊：一方面，承担了国家“依托黄金水道推动长江经济带发展”的重任；另一方面，丹江口水库是南水北调中线工程的核心水源区，在维护库区的生态环境安全方面，湖北肩负确保“一江清水送北京”的重责。近年来，湖北省不断加大水资源、水环境保护力度，先后出台了

《湖北省汉江流域水污染防治条例》《湖北省湖泊保护条例》等地方性法规，还有被称为“史上最严治水法典”的《湖北省水污染防治条例》，不断加大水污染防治力度，努力削减水污染物排放量，取得了一定成效。然而，由于种种原因，水资源保护仍然不尽如人意、形势依然严峻，水环境治理工作任重道远，如何保护水资源、治水兴水、治理好“水忧”、发挥湖北省的水优势，是一个亟待解答的时代课题。为此，湖北省政府将“湖北新时代治水兴水战略研究”课题纳入智力成果采购重点项目，本书正是该课题的成果。通过深入学习习近平总书记就保障国家水安全发表的重要讲话精神，本书作者按照“节水优先、空间均衡、系统治理、两手发力”的“十六字治水方针”和总书记关于把修复长江生态环境摆在压倒性位置的“共抓大保护，不搞大开发”的指示，在课题研究中结合湖北省水资源、水环境、水生态特点，针对全省水安全、水环境管理方面的问题制定了系统性的分析框架，探索了水经济和水文化等“兴水”方面的新路子，对治水兴水问题进行了有益的理论探索。

本书是在完成上述研究项目的基础上进一步凝练而成的，并进一步丰富了湖北省在近年开展的《长江保护修复攻坚战行动计划》与长江大保护十大标志性战役方面的代表性成果等内容。本书内容共 7 章，第 1 章介绍了湖北新时代治水兴水战略的研究背景、研究内容及研究思路；第 2 章和第 3 章介绍了湖北省水资源、水生态环境、水安全等方面的历史演变和当前湖北省的水环境状况，主要分析了存在的问题以及面临的挑战；第 4 章与第 5 章介绍了目前湖北省治水兴水工作所取得的成效，以 4 个典型案例介绍了湖北省水污染防治、水生态修复及水环境管理等方面的实践，特别是为贯彻习近平总书记长江大保护指示而开展的治水工作；第 6 章主要介绍了湖北新时代治水兴水战略的总体思路；第 7 章详细阐明了新形势下湖北新时代治水兴水战略的多项具体举措。

在课题研究及本书编写过程中，湖北省生态环境监测中心站给予了大力支持，湖北省水利厅有关部门也提供了相关水文资料，在此一并表示感谢。由于编者能力有限，谬误之处在所难免，欢迎读者批评指正。

编者

2020 年 12 月

目录

第1章 绪论

1.1 湖北提出治水兴水的时代背景

1.1.1 治水方针的提出

水是万物之母、生存之本、文明之源。我国水资源总量占世界总量的7%，但人均占有量仅有 2 400 m^3 且降水时空分布不均。因此，水安全事关我国经济社会发展稳定和人民健康福祉。党的十八大以来，习近平总书记多次就治水发表重要讲话、作出重要指示，2014 年 3 月 14 日习近平总书记在中央财经领导小组第五次会议上首次提出了“节水优先、空间均衡、系统治理、两手发力”的“十六字治水方针”。关于“系统治理”，习近平总书记指出，山水林田湖草是一个生命共同体，治水要统筹自然生态的各个要素，要用系统论的思想方法看问题，统筹治水和治山、治水和治林、治水和治田等。这就要求我们准确把握自然生态要素之间的共生关系，通过对水资源、水生态、水环境的系统监管，统筹推进山水林田湖草的系统治理，补齐水生态修复治理短板。

湖北省（简称鄂）是水资源大省，“优于水又忧于水”，治水一直是事关全省的大事，改革开放以来，特别是党的十八大以来，全省上下全面贯彻习近平新时代中国特色社会主义思想，积极践行新时期治水方针，努力挥写“盛世治水、人水和谐”的篇章。

1.1.2 长江经济带建设的新要求

长江是中华民族的“母亲河”，是中华民族发展的重要支撑。推动长江经济带发展是党中央、国务院主动适应、把握、引领经济发展新常态，科学谋划中国经济新“棋局”而做出的既利当前又惠长远的重大决策部署，对于实现“两个一百年”奋斗目标和中华民族伟大复兴的中国梦具有重大现实意义和深远历史意义。

2016 年 1 月 5 日，全面推动长江经济带发展第一次座谈会在重庆市召开，习近平总书记在会上发表重要讲话并指出，推动长江经济带发展是国家的一项重大区域发展战略，长江和长江经济带的地位和作用说明推动长江经济带发展必须坚持生态优先、绿色发展的战略定位；同时，还提出“共抓大保护，不搞大开发”，要把修复长江生态环境摆在压倒性位置，把实施重大生态修复工程作为推动长江经济带发展项目的优先选择。2018 年 4 月 26 日，习近平总书记在湖北省武汉市主持召开深入推动长江经济带发展座谈会，并进一步指出，共抓大保护格局基本确立，要开展系列专项整治行动，正确把握整体推进和重点突破的关系，全面做好长江生态环境保护修复工作。

湖北是长江干线流经里程最长的省份，拥有长江岸线 1 061 km。保护“一江清水”不仅对整个长江经济带的生态安全意义重大，对湖北自身实现高质量发展同样意义重大。

1.1.3 治水兴水是新时代兴鄂的需要

湖北省的水资源得天独厚，境内江河纵横交错、水系发达，长江经巫峡自巴东县鳊鱼溪进入湖北并横贯全省，再经黄梅县小池口出境，全长 1 061 km，在省内有清江、汉江、府澴河、举水等水系汇入。湖北省共有流域面积 1 万 km^2 及以上河流 10 条、流域面积 1 000 km^2 及以上河流 61 条、流域面积 100 km^2 及以上河流 623 条、流域面积 50 km^2 及以上河流 1 232 条；境内湖泊星罗棋布，享有“千湖之省”的美誉。但湖北省却“优于水又忧于水”：水资源虽然丰沛但时空分布不均，省内既有江汉平原的“水袋子”又有鄂西北的“旱包子”，常被旱涝水患问题所困扰；历年来的围湖、填湖运动造成了江汉湖群与湖泊湿地的萎缩，加剧了洪涝灾害、水生态环境的退化。在经济高速发展与城市化的伴生作用下，湖北省内水环境恶化，近10多年来形势越发严峻：重化工企业、码头在江河沿岸密布，废水多为直排，污染事故频发，严重威胁城镇集中式生活饮用水水源地安全；江河非法采砂屡禁不止，影响河道航运及防洪安全；长江、汉江非法捕鱼活动猖獗，宝贵的自然生态资源遭灭种威胁。

解决“水患”问题，迫切需要湖北省转变发展方式，实施治水兴水战略，在治理好水环境的同时，还要利用好水资源优势，发展“水经济、水产业”。治水兴水是湖北振兴的双重任务。

1.2 本书研究内容与研究思路

1.2.1 研究内容

1. 治水方面

一是以调研湖北省的水资源、水生态环境和水安全问题为出发点，分析省内的水资源、水生态环境演变以及水灾害、水污染防治和水环境管理等方面的问题。

二是总结习近平总书记提出新时代治水“十六字方针”以来湖北省开展的系列专项整治行动，特别是总书记在武汉市主持召开深入推动长江经济带发展座谈会后湖北省的长江生态环境保护修复工作情况。

三是通过案例分析，总结湖北省取得的成绩和经验，进而归纳出具有湖北特色的实践经验，并在全省新时代治水战略中进行推广。

2. 兴水方面

一是将兴水战略与长江经济带建设紧密结合，以长江之水兴荆楚之地，通过对长江湖北段水利设施的建设及维护，实现对湖北省长江流域旱涝灾害的有效防控，同时通过对湖北省内长江段航运条件的升级和改善，提高长江的通航能力，打造长江黄金水道。

二是利用湖北省水资源优势和大量宜渔水面构建现代水产业发展体系，坚持生态优先，大力发展水库生态养殖、池塘健康养殖，生产优质无公害水产品。

三是通过充分发挥湖北省的水资源优势来发展涉水产业，在（水污染治理和生态修复）治水成果的基础上，探索如何改善湖北省的水生态系统，如建设水清岸绿、环境优美、风景秀丽、文化鲜明、景色宜人的休闲娱乐区，创建更多的“国家级水利风景区”①。

1.2.2 技术路线

湖北省新时代治水兴水战略研究技术路线见图 1-1。

① 由水利部设立并制定管理办法。水利风景区主要突出涵养水源、保护生态、改善人居环境、弘扬水文化、促进区域经济社会发展等方面的重要作用，打造生态河湖、美丽河湖，是建设天蓝、地绿、水净的美丽家园的重要评选指标。湖北省自 2002 年创建“漳河风景名胜区”和 2006 年创建“丹江口大坝水利风景区”以来，已有 28 个水利风景区被水利部批准。

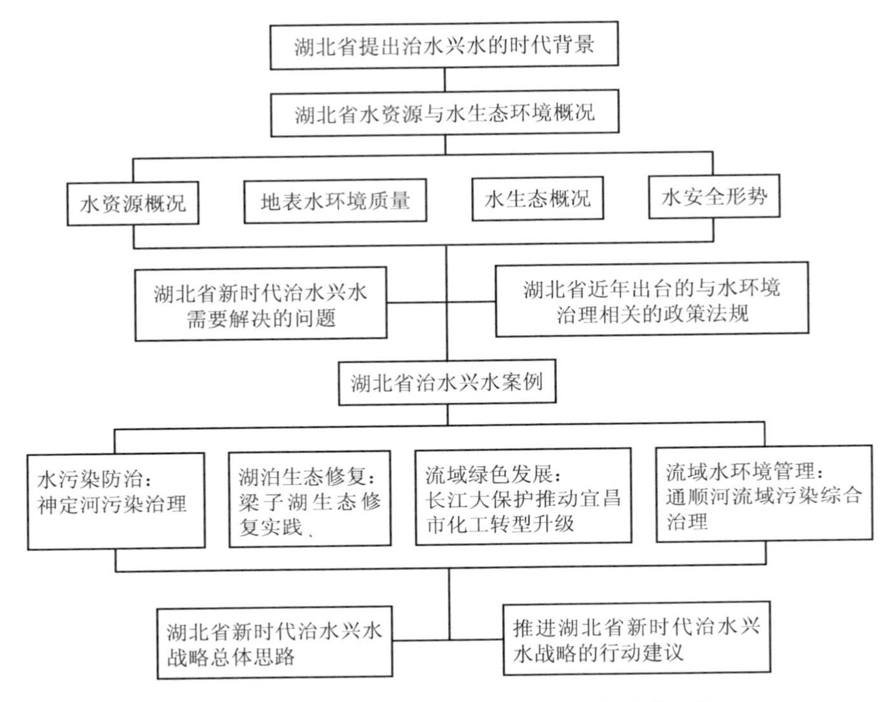

图 1-1 湖北省新时代治水兴水战略研究技术路线

第2章 湖北省水资源与水生态环境概况

2.1 湖北省水资源概况

湖北省境内水系发达、水网密布、湖泊众多，素有“千湖之省”的美誉。河流和湖泊是湖北省水资源的主要组成部分。全省分为两大水系，桐柏山区 116 300 hm^2 属淮河水系，其余均属长江水系。全省除长江、汉江外，中、小河流有 4 228 条（长度在 5 km 以上），全长 59 200 km，总流域面积 13.16 万 km^2，占全省自然面积的 70%，其中，长度在 100 km 以上的河流有 42 条，总长度约 5 240 km。境内的长江支流有汉水、沮水、漳水、清江、东荆河、陆水、滠水、倒水、举水、巴水、浠水、富水等。省内面积大于 100 km^2 的湖泊有洪湖、梁子湖、长湖、斧头湖等，省内的湖泊大多分布在江汉平原，面积约 4 万 km^2。江汉湖群地处 50 m 等高线下，主要是河迹洼地湖，湖底呈浅碟形，约占江汉湖群总数的 60%；其次是岗边湖，湖底呈锅底形，约占 40%，大多属于小型浅水湖泊。

2.1.1 降水与水资源量

1. 自产水资源情况

湖北省的水资源丰沛，但大部分是过境客水资源，自产水资源量较少。由于地形、地貌和气候等原因，湖北省的水资源空间分布十分不均，全省水资源呈现出由南向北，由东南、西南向腹地平原湖区递减的趋势，南部地区的水资源是北部地区的 3 倍多，南北水资源量差异较大。表 2-1 给出了 2014—2018 年湖北省各市（州）的水资源情况。

表 2-1　2014—2018 年湖北省各市（州）水资源情况

市（州）	2014 年		2015 年		2016 年		2017 年		2018 年	
	总量/亿 m^3	人均/m^3	总量/亿 m^3	人均/m^3	总量/亿 m^3	人均/m^3	总量/亿 m^3	人均/m^3	总量/亿 m^3	人均/m^3
武汉市	41.23	399	62.03	585	98.73	918	44.18	406	34.96	315
黄石市	35.42	1 446	38.63	1 572	59.48	2 412	45.60	1 846	26.44	1 070
襄阳市	50.08	894	43.89	782	54.65	969	100.07	1 770	45.45	802
荆州市	70.22	1 222	105.11	1 842	125.93	2 210	82.80	1 468	87.03	1 557
宜昌市	100.23	2 442	103.1	2 505	166.89	4 041	150.99	3 651	109.83	2 656
黄冈市	117.16	1 871	136.72	2 173	219.20	3 468	115.59	1 823	84.70	1 338
鄂州市	10.96	1 036	12.87	1 215	22.28	2 085	9.33	867	7.50	696
十堰市	83.93	2 488	64.94	1 920	66.93	1 963	129.44	3 787	62.97	1 849
孝感市	29.12	599	44.91	921	79.71	1 625	34.06	693	23.97	487
荆门市	21.23	735	42.02	1 451	83.41	2 875	51.09	1 761	36.28	1 253
咸宁市	95.09	3 820	106.11	4 233	128.36	5 070	130.76	5 158	82.22	3 233
随州市	23.68	1 084	25.87	1 181	40.83	1 855	40.78	1 845	15.22	687
恩施州	186.98	5 636	166.83	5 015	268.00	8 009	250.59	7 456	192.31	5 693
神农架	23.29	30 369	12.78	16 634	18.16	23 419	27.45	35 748	12.29	16 027
仙桃市	11.06	949	19.78	1 712	24.83	2 163	15.73	1 378	13.79	1 209
天门市	7.54	584	15.88	1 229	24.21	1 884	9.85	767	9.80	770
潜江市	7.08	742	14.16	1 478	16.40	1 704	10.45	1 082	12.25	1 269
全省	914.30	1 572	1 015.63	1 736	1 498.00	2 546	1 248.76	2 116	857.02	1 448

2. 全省降水情况

湖北省的降水时空分布不均衡，降水主要集中在每年的 4—9 月，占全年降水总量的70%～85%，10月至次年3月降水偏少。从近年湖北省的降水量来看，全省降水地区分布不均，降水量由南向北呈逐渐减少的趋势。由于受到亚热带季风气候和不同地形特征的影响，湖北省的降水量呈现多中心的特征，鄂西南和鄂东南为两个峰值的中心区域，降水量属于全省最高水平，江汉平原次之，鄂东北低于江汉平原，鄂西北的降水量常年为全省最低水平。

降水时空分布的不均衡是湖北省地表水资源量时空分布不均的主要原因。

3. 过境水资源情况

湖北省全境有 99.3%的区域属长江水系，只有 0.7%的区域为淮河水系，每年都有丰富的水资源通过河流入境，特别是长江和汉江干流的上游地区每年给湖北省带来丰富的过境水资源（表2-2）。《2019年湖北省水资源公报》的数据显示，湖北省承接了从长江上游和源于陕南秦岭的汉水上游来水，以及湖南省的湘江、资水、沅江、澧水汇入洞庭湖后经城陵矶港的入境水，过境水资源总量达到6 124亿m^3，是湖北省当年水资源总量的7.15倍。

表2-2　2014—2018年湖北省入出境水量

河流水系	入境					
	上游省（市）	入境水量/亿m^3				
		2014年	2015年	2016年	2017年	2018年
长江干流	重庆	4 478	3 863	4 131	4 261	4 639
洞庭湖水系	湖南	1 991	2 049	2 319	1 905	1 180
汉江干流	陕西	188.04	186.15	142.79	272.70	196.63

河流水系	入境					
	上游省（市）	入境水量/亿 m^3				
		2014 年	2015 年	2016 年	2017 年	2018 年
丹江水系	河南	7.45	17.34	11.10	33.13	47.18
唐白河水系	河南	10.93	13.53	11.30	30.88	41.52
堵河南江	陕西	10.66	8.81	9.35	13.49	7.66
天河	陕西	0.65	0.65	0.60	2.00	0.97
小清河等	河南	0.49	0.44	0.82	1.29	2.48
富水水系	江西	3.47	3.76	4.53	5.74	1.46
黄盖湖水系	湖南	7.10	14.00	14.10	18.12	6.06
澴水	河南	0.08	0.19	0.26	0.17	0.11
倒水	河南	0.59	0.90	2.08	1.30	0.61
举水	河南	0.28	0.31	0.70	0.18	0.19
入境合计		6 698.74	6 158.08	6 647.63	6 545.00	6 123.87
河流水系	出境					
	下游省份	出境水量/亿 m^3				
		2014 年	2015 年	2016 年	2017 年	2018 年
淮河	河南	3.17	2.47	4.88	5.59	2.42
长江干流	安徽、江西	7 399	7 009	7 937	7 616	6 850
华阳河水系	安徽	14.55	13.17	28.02	16.43	13.58
出境合计		7 416.72	7 024.64	7 969.90	7 638.02	6 866.00

目前，湖北省对过境水资源的开发利用不足。《2019 年湖北省水资源公报》的相关数据表明，湖北省对过境水资源的开发量不足过境水资源总量的 1‰。过境水资源丰富，但时空分布不均，夏秋季节长江和汉江常出现洪水，给流域的防洪防涝造成了巨大压力，冬季和春季则可以在很大程度

上缓解湖北省的旱情。将丰富的过境水资源变“害”为“利”将成为湖北省治水兴水工作的重点之一。

2.1.2 水资源利用概况

1. 全省用水与耗水量

（1）用水量

本书中的用水量指分配给用户的包括输水损失在内的水量，并按照老口径、新口径分别统计。老口径按农业、工业、生活三大类用水进行统计，其中，农业用水包括农田灌溉用水和林牧渔用水；生活用水包括城镇居民用水、城镇公共用水、农村居民用水及牲畜用水；工业用水为取用的新水量，不包括企业内部的重复利用量。新口径按用户特性分为生产用水、生活用水和生态环境补水三大类，其中，生产用水又划分为第一产业用水（包括农田灌溉用水、林牧渔业灌溉用水和牲畜用水）、第二产业用水（包括工业用水和建筑用水）、第三产业用水（包括商品贸易、餐饮住宿、金融、交通运输、仓储、邮电通信、文教卫生、机关团体等各种服务行业的用水情况）；生活用水指居民住宅日常生活用水，按城镇居民用水和农村居民用水分别统计；生态环境补水只包括人为措施提供的维护生态环境的水量，不包括降水、径流自然满足的水量，按城镇环境补水（含河湖补水和绿化、清洁用水）和河湖生态补水（对湖泊、洼淀、沼泽等的补水）分别统计。

2014—2018 年，湖北省的用水总量基本稳定在 290 亿 m^3 左右，其中，2015 年的用水总量最高，主要是由于 2015 年工业及农业用水量较高（表 2-3）。按老口径计算，湖北省的用水量以农业用水为主，占 50%以上；工业用水次之，约为 35%；生活用水最少。2014—2018 年，农业用水基本稳定在 150 亿 m^3 左右，只有 2016 年和 2017 年农业用水有明显下降；随着湖北省常住人口的增加和居民生活水平的提高，生活用水总量也逐年升高，2018 年的生活用水总量较 2014 年增长了 24.05%；工业用水量在 2015 年之后呈缓慢下降的趋势，2018 年工业用水量最低，为 87.40 亿 m^3，这可能与当时国家倡导资源节约型工业发展模式有关（图 2-1）。按新口径计算，2015 年湖北省的生产用水量最高，为 273.97 亿 m^3；2016 年湖北省的生产用水量最低，为 252.03 亿 m^3。2014—2018 年，湖北省的生活用水量逐年上升，2018 年较 2014 年上升了 11.33%；生态用水量也逐年上升，2018 年较 2014 年上升了 109.52%，体现了湖北省对生态环境保护与水资源规划问题的日益重视。

表 2-3　2014—2018 年湖北省新、老口径统计的用水量

单位：亿 m^3

统计口径		2014 年	2015 年	2016 年	2017 年	2018 年
老口径	工业	90.16	93.26	91.41	87.78	87.40
	农业	150.76	151.94	133.70	143.96	150.66
	生活	47.41	56.07	56.86	58.52	58.81
新口径	生产	261.50	273.97	252.03	260.13	266.37
	生活	26.21	26.53	28.81	28.96	29.18
	生态	0.63	0.77	1.13	1.17	1.32
总用水量		288.34*	301.27	281.97	290.26	296.87

*由于新、老口径统计差异，导致 2014 年老口径合计与总用水量不一致。

数据来源：湖北省水利厅公开的《2014 年湖北省水资源公报》。

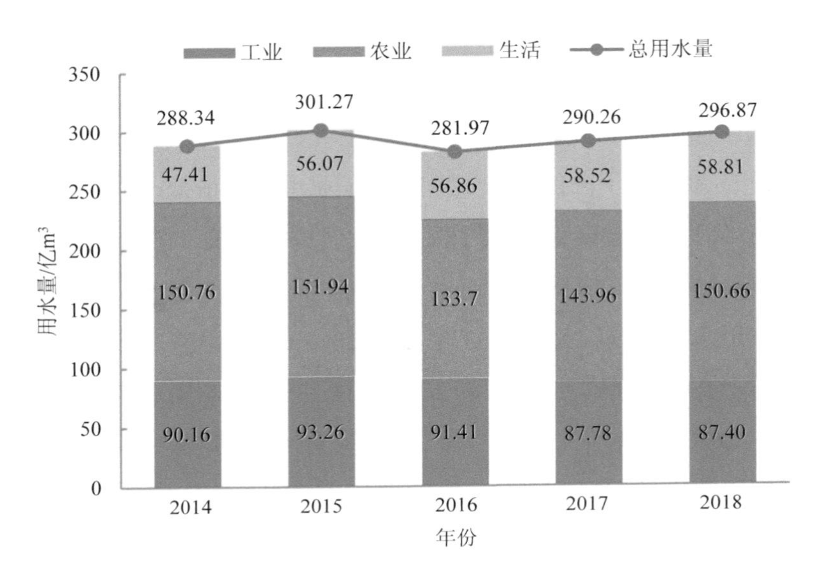

注：新口径的用水量变化趋势与老口径一致。

图 2-1　2014—2018 年湖北省用水量（老口径）

2014—2018 年，湖北省每年用水量最高的 3 个市均为武汉市、襄阳市和荆州市。其中，武汉市的工业用水占比最高，生活用水次之；襄阳市的农业用水占比最高，工业用水次之；荆州市的农业用水远高于工业用水和生活用水，这与其江汉平原农业大市的定位相吻合。在全省 17 个市（州）中，用水总量以农业用水为主的主要有襄阳、荆州、黄冈、孝感、荆门、咸宁、随州、仙桃、天门、潜江 10 个城市；用水总量以工业用水为主的主要有武汉、黄石、鄂州 3 个城市；用水总量中工业用水与农业用水相差不大的主要有宜昌、十堰、恩施、神农架这 4 个市（州）（表 2-4）。

表 2-4　2014—2018 年湖北省各市（州）用水总量（老口径）

单位：亿 m^3

市（州）	2014 年				2015 年				2016 年				2017 年				2018 年			
	工业	农业	生活	合计	工业	农业	生活	合计	工业	农业	生活	合计	工业	农业	生活	合计	工业	农业	生活	合计
武汉市	16.53	10.44	10.40	37.37	16.21	10.41	11.33	37.95	15.87	7.00	11.61	34.48	14.31	8.44	11.86	34.61	14.93	8.84	12.46	36.23
黄石市	10.42	3.16	2.00	15.58	12.2	3.51	2.77	18.48	11.48	3.03	2.84	17.35	11.65	3.63	2.93	18.21	11.61	3.93	2.95	18.49
襄阳市	12.40	15.04	4.84	32.28	12.30	16.36	5.34	34.00	12.16	16.67	5.43	34.26	12.11	16.35	5.52	33.98	12.16	18.15	5.51	35.82
荆州市	4.74	26.49	3.96	35.19	4.96	25.11	5.20	35.27	5.17	24.01	5.18	34.36	5.31	26.31	5.25	36.87	5.02	26.70	5.26	36.98
宜昌市	5.81	6.81	3.43	16.05	6.13	7.20	3.98	17.31	6.42	6.18	3.86	16.46	6.03	5.93	3.82	15.78	5.39	7.11	3.89	16.39
黄冈市	4.17	19.84	4.37	28.38	4.33	19.54	5.72	29.59	4.41	17.01	5.68	27.10	4.17	18.28	6.17	28.62	3.83	18.95	6.02	28.80
鄂州市	8.89	2.42	0.95	12.26	8.69	3.54	1.00	13.23	8.58	2.65	1.06	12.29	8.25	2.76	1.11	12.12	9.13	3.00	1.09	13.22
十堰市	2.75	4.11	2.77	9.63	2.78	3.96	3.34	10.08	2.65	3.22	3.32	9.19	2.72	2.89	3.39	9.00	2.68	3.10	3.32	9.10
孝感市	7.98	15.46	3.70	27.14	8.51	15.82	4.35	28.68	7.96	10.72	4.40	23.08	7.59	13.77	4.62	25.98	7.61	14.01	4.57	26.19
荆门市	4.59	13.93	2.31	20.83	4.77	14.61	2.60	21.98	4.84	12.88	2.60	20.32	4.42	12.28	2.7	19.40	4.23	12.39	2.64	19.26
咸宁市	3.89	7.33	1.99	13.21	4.09	7.94	2.73	14.76	4.15	6.85	2.66	13.66	4.01	6.9	2.81	13.72	4.11	8.50	2.78	15.39
随州市	1.76	5.71	1.60	9.07	1.82	5.32	1.96	9.10	1.72	7.15	2.10	10.97	1.38	6.25	2.17	9.80	1.22	5.76	2.15	9.13
恩施州	1.04	1.96	2.39	5.39	1.09	1.98	2.46	5.53	1.11	1.40	2.65	5.16	1.17	2.17	2.63	5.97	1.04	1.81	2.59	5.44
神农架	0.07	0.04	0.06	0.17	0.06	0.05	0.07	0.18	0.05	0.02	0.08	0.15	0.06	0.02	0.08	0.16	0.07	0.03	0.07	0.17
仙桃市	1.93	6.37	0.89	9.19	2.00	5.88	1.18	9.06	1.77	5.18	1.22	8.17	1.77	6.30	1.27	9.34	1.57	6.58	1.25	9.40
天门市	1.28	7.63	0.97	9.88	1.32	6.65	1.20	9.17	1.22	5.64	1.23	8.09	1.00	7.05	1.26	9.31	0.99	7.17	1.27	9.43
潜江市	1.93	4.01	0.76	6.70	2.00	4.06	0.83	6.89	1.87	4.09	0.92	6.88	1.83	4.63	0.93	7.39	1.81	4.63	0.99	7.43

（2）耗水量与耗水率

本书中的耗水量指在输水、用水过程中通过蒸腾蒸发、土壤吸收、产品带走、居民和牲畜饮用等各种形式消耗掉，而不能回归到地表水体或地下含水层的水量；耗水率为耗水量占用水量的百分比。2014—2018 年湖北省工业、农业与生活三类耗水情况见表 2-5，其中，耗水率整体均呈下降趋势（图 2-2）——全省总耗水率由 2014 年的 44.32%下降到 2018 年的 43.20%，说明湖北省在水资源的回收、利用方面有所改善。城镇生活用水的耗水率下降较为显著，农业部门也有所改善。

表 2-5　2014—2018 年湖北省耗水情况

耗水情况		2014 年	2015 年	2016 年	2017 年	2018 年
工业	耗水量/亿 m^3	18.86	19.31	18.85	18.34	17.63
	耗水率/%	20.90	20.70	20.60	20.90	20.20
农业	耗水量/亿 m^3	86.32	85.53	75.64	80.60	84.98
	耗水率/%	57.30	56.30	56.60	56.00	56.40
生活	耗水量/亿 m^3	22.61	25.75	25.23	26.22	25.61
	耗水率/%	47.70	45.90	44.40	44.80	43.50
总耗水量/亿 m^3		127.79	130.59	119.72	125.16	128.22
总耗水率/%		44.32	43.35	42.46	43.12	43.20

图 2-2　2014—2018 年湖北省耗水率

2. 有关水资源利用率的指标

（1）工农业与生活用水指标

由表 2-6 可知，2014—2018 年，湖北省人均总用水量稳定在 500 m^3 左右，其中，2016 年最低（479 m^3），2015 年最高（515 m^3）；农田灌溉亩[①]均用水量整体呈降低趋势，2015—2016 年下降幅度高达 25.58%；城镇生活人均日用水量稳定在 163 L 左右，农村生活日均用水量在 2014—2015 年稳定在 72 L 左右，2015 年以后开始增长并稳定在 94 L。以 2015 年为基准，按可比价计算，湖北省 2015—2018 年的万元 GDP 用水量与万元工业增加值用水量均呈逐年降低的趋势。这反映了近年来湖北省大力实施最严格的水资源管理制度和建设节水型社会的效果，水资源利用率得到提高，实现了用较少的水资源消耗支撑经济社会的发展。

---

① 1 亩=1/15 hm^2。

表 2-6 2014—2018 年湖北省有关用水量的指标

指标	2014 年	2015 年	2016 年	2017 年	2018 年
人均总用水量/m^3	496	515	479	492	502
农田灌溉亩均用水量/m^3	431	430	320	349	356
城镇生活人均日用水量/L	165	164	163	162	162
农村生活日均用水量/L	72	72	94	94	94
万元 GDP 用水量/m^3	100	102	87	77	75
万元工业增加值用水量/m^3	70	81	75	63	61

（2）农田灌溉水有效利用系数

农田灌溉水有效利用系数是衡量农田灌溉系统从水源引水到田间作物吸收利用过程中水资源利用程度的指标，它可以反映灌溉系统的工程质量、灌溉技术水平和灌溉用水管理等的情况。从 2014—2018 年农田水利部门的调查数据来看（表 2-7、图 2-3），湖北省的农田灌溉水有效利用系数呈逐年稳定上升的趋势；同时，灌溉区规模越大，农田灌溉水有效利用系数越低。

表 2-7 2014—2018 年湖北省农田灌溉水有效利用系数

灌溉区规模	灌溉水有效利用系数				
	2014 年	2015 年	2016 年	2017 年	2018 年
大型	0.481 1	0.487 9	0.494 6	0.503 8	0.508 0
中型	0.492 7	0.500 2	0.500 7	0.504 2	0.509 9
小型	0.530 3	0.536 4	0.540 8	0.545 1	0.547 4
全省	0.493 5	0.499 9	0.504 5	0.511 0	0.516 0

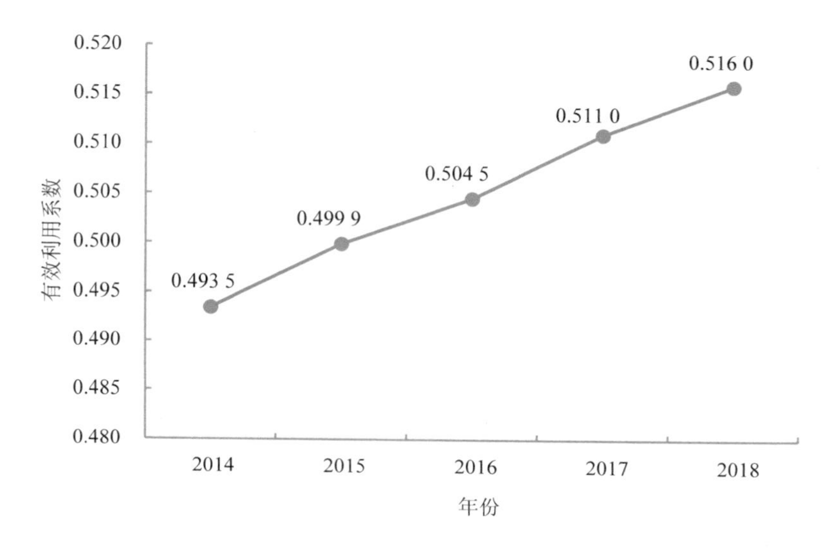

图 2-3　2014—2018 年湖北省农田灌溉水有效利用系数

2.2　湖北省地表水环境质量

2.2.1　主要河流

2014—2018 年，湖北省主要河流的水质稳定在良好水平，评价的主要污染物为总磷（TP）、化学需氧量（COD）、氨氮（表 2-8）。从全省 74 条主要河流的监测断面水质来看，优良断面比例较为稳定，2018 年水质优良断面比例最高（89.4%），2015 年水质优良断面比例最低（84.2%）；劣Ⅴ类断面比例呈下降趋势，由 2014 年的 5.1%下降到 2018 年的 1.1%（图 2-4）。

表 2-8　2014—2018 年湖北省主要河流水环境质量

水质情况		2014 年	2015 年	2016 年	2017 年	2018 年
考核断面/个		158	159	179	179	179
水质优良占比/%	Ⅰ类	43.0	2.5	1.7	5.0	7.8
	Ⅱ类		44.0	48.0	50.8	51.4
	Ⅲ类	43.7	37.7	36.9	30.7	30.2
水质较差占比/%	Ⅳ类	7.0	7.6	6.7	8.4	9.5
	Ⅴ类	1.3	3.1	2.8	1.1	0
污染严重占比/%	劣Ⅴ类	5.1	5.1	3.9	3.9	1.1
主要污染物		TP、COD、BOD_5*	TP、COD、氨氮	TP、氨氮、COD	COD、氨氮、TP	COD、氨氮、TP
总体水质		良好	良好	良好	良好	良好

* BOD_5 代表五日生化需氧量。
数据来源：湖北省环保厅（现为湖北省生态环境厅）发布的《环境质量状况公告》。其中，2014 年和 2017 年数据由于计算过程四舍五入导致占比相加不等于 100%。

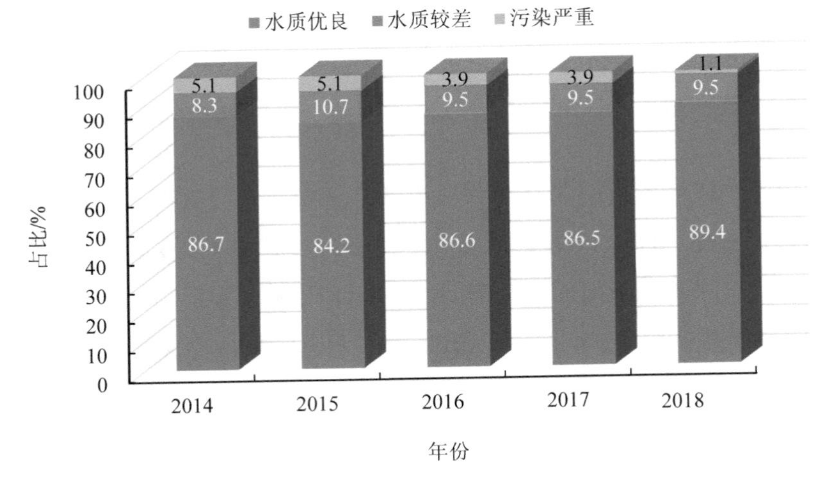

图 2-4　2014—2018 年湖北省主要河流水环境质量

2014—2018 年湖北省主要河流水质情况见表 2-9。长江干流与汉江干流水质优良断面比例保持在 100%，总体水质稳定在优；长江支流水质优良断面比例总体呈上升趋势，劣Ⅴ类断面逐年减少，总体水质稳定在良好。2014—2018 年，汉江支流水质优良断面比例虽占多数（80.0%左右），但水质较差及劣Ⅴ类水体的水质波动较大，而丹江口库区的一些入库支流水质有明显改善。

表 2-9 2014—2018 年湖北省主要河流水质情况

河流	年份	监测断面/个	水质优良占比/%	水质较差占比/%	劣Ⅴ类占比/%	总体水质	符合功能区规划标准断面比例/%
长江干流	2014	15	100	0	0	优	80
	2015	15	100	0	0	优	80
	2016	18	100	0	0	优	94.4
	2017	18	100	0	0	优	—
	2018	18	100	0	0	优	—
汉江干流	2014	20	100	0	0	优	100
	2015	20	100	0	0	优	100
	2016	20	100	0	0	优	100
	2017	20	100	0	0	优	100
	2018	20	100	0	0	优	—
长江支流	2014	87	83.9	9.2	6.9	良好	75.9
	2015	88	80.7	11.3	8.0	良好	78.4
	2016	94	83.0	14.9	2.1	良好	78.7
	2017	94	86.2	11.7	2.1	良好	—
	2018	84	89.4	10.6	0	良好	—

河流	年份	监测断面/个	水质优良占比/%	水质较差占比/%	劣Ⅴ类占比/%	总体水质	符合功能区规划标准断面比例/%
汉江支流	2014	36	80.6	13.8	5.6	良好	80.6
	2015	36	77.8	19.4	2.8	良好	83.3
	2016	47	83.0	6.4	10.6	良好	80.9
	2017	47	76.6	12.8	10.6	良好	—
	2018	47	80.8	14.9	4.3	良好	—
三峡库区	2014	21	100	0	0	优	76.2
	2015	21	100	0	0	优	76.2
	2016	17	100	0	0	优	100
	2017	17	100	0	0	优	100
	2018	17	100	0	0	优	—
丹江口库区	2014	17	76.5	5.9	17.6	良好	70.6
	2015	17	76.5	5.9	17.6	良好	76.5
	2016	24	87.5	4.2	8.3	良好	83.3
	2017	24	87.5	4.2	8.3	良好	83.3
	2018	24	91.7	0	8.3	优	—

2.2.2 主要湖库

湖北省在 32 个主要湖泊、水库设置了监测点位，2014—2018 年的监测统计数据显示（表 2-10），2014 年与 2015 年湖北省主要湖库总体水质保持良好，2016 年与 2017 年湖库水质为轻度污染，主要污染物为 COD、BOD_5、TP；2014 年与 2015 年湖库优良水质断面比例分别为 75.1%与 74.2%，2016 年湖库优良水质断面比例为 59.4%，较 2015 年下降了 14.8%，2017 年优良水质断面比例有小幅上升，为 62.5%，但 2018 年湖库水质出现下降局面，优良水质断面比例仅为 46.9%，与 2017 年相比下降了 15.6 个百分点，劣Ⅴ类比例为 6.2%，较 2017 年上升 3.1 个百分点，TP 为主要污染指标。

表 2-10　2014—2018 年湖北省主要湖库水环境质量

<table>
<tr><th colspan="2">水质情况</th><th>2014 年</th><th>2015 年</th><th>2016 年</th><th>2017 年</th><th>2018 年</th></tr>
<tr><td colspan="2">考核水域/个</td><td>32</td><td>32</td><td>32</td><td>32</td><td>32</td></tr>
<tr><td rowspan="3">水质优良占比/%</td><td>Ⅰ类</td><td rowspan="2">43.8</td><td>0</td><td>3.1</td><td>3.1</td><td>6.2</td></tr>
<tr><td>Ⅱ类</td><td>38.7</td><td>34.4</td><td>31.3</td><td>18.8</td></tr>
<tr><td>Ⅲ类</td><td>31.3</td><td>35.5</td><td>21.9</td><td>28.1</td><td>21.9</td></tr>
<tr><td rowspan="2">水质较差占比/%</td><td>Ⅳ类</td><td>12.5</td><td>12.8</td><td>31.2</td><td>25.0</td><td>34.4</td></tr>
<tr><td>Ⅴ类</td><td>9.4</td><td>6.5</td><td>9.4</td><td>9.4</td><td>12.5</td></tr>
<tr><td>污染严重占比/%</td><td>劣Ⅴ类</td><td>3.1</td><td>6.5</td><td>0</td><td>3.1</td><td>6.2</td></tr>
<tr><td colspan="2">主要污染物</td><td>TP、COD、BOD_5</td><td>TP、COD、BOD_5</td><td>TP、COD、BOD_5</td><td>TP、COD、BOD_5</td><td>TP、COD、BOD_5</td></tr>
<tr><td colspan="2">总体水质</td><td>良好</td><td>良好</td><td>轻度污染</td><td>轻度污染</td><td>轻度污染</td></tr>
<tr><td colspan="2">水质符合功能区划标准断面占比/%</td><td>75.0</td><td>—</td><td>53.1</td><td>—</td><td>—</td></tr>
</table>

数据来源：湖北省环保厅公布的 2014 年《环境质量状况公告》。其中，2014 年的数据由于计算过程中的四舍五入导致百分比相加不等于 100%。

2.3　湖北省水生态概况

2.3.1　湖泊水质及富营养化水平

20 世纪 50 年代，湖北省 100 亩以上的湖泊有 1 332 个，其中，5 000 亩以上的湖泊有 322 个；70 年代后期，0.5 km^2 以上的湖泊有 609 个；80

年代，0.5 km^2 以上的湖泊仅剩下 309 个，有 300 个湖泊消失了，湖泊数量下降了 49%（表 2-11）。2009 年 1 月，湖北省水利厅发布的《湖北省水资源质量通报》显示，全省现有 100 亩以上的湖泊仅为 574 个，比 20 世纪 50 年代减少了 56.9%，其中 5 000 亩以上的湖泊仅剩 125 个，比 50 年代减少了约 2/3。截至 2011 年 9 月，湖北省 1 km^2 以上的湖泊有 258 个，5 000 亩以上的湖泊有 104 个，10 km^2 以上的湖泊有 47 个。

表 2-11　湖北省历年湖泊数量减少情况

单位：个

湖泊面积 / 年代	100 亩以上	5 000 亩以上	0.5 km^2 以上	1 km^2 以上	10 km^2 以上
20 世纪 50 年代	1 332	322	不详	不详	不详
20 世纪 70 年代后期	不详	不详	609	不详	不详
20 世纪 80 年代	843	125	309	不详	不详
2009 年	574	125	不详	不详	不详
2011 年	不详	104	不详	258	47

在湖北省 17 个省控湖泊的 21 个监测水域中（表 2-12），2014 年与 2015 年主要湖库水环境质量保持在良好，2016 年与 2017 年湖库水质为轻度污染，主要污染物为 COD、BOD_5、TP。2014 年与 2015 年湖库优良水质断面比例分别为 75.1%与 74.2%，2016 年湖库优良水质断面比例为 59.4%，较 2015 年下降了 14.8%，2017 年优良水质断面比例有小幅上升，为 62.5%。2018 年优良水质断面比例仅为 46.9%，与 2017 年相比下降了 15.6 个百分点，劣Ⅴ类比例为 6.2%，较 2017 年上升了 3.1 个百分点。

表2-12　2014—2018年湖北省17个主要湖泊水质情况

湖泊名称	规划类别	2014年		2015年		2016年		2017年		2018年	
		水质类别	营养状态	水质类别	营养状态	水质类别	营养状态	水质类别	营养状态	水质类别	营养状态
汤逊湖	III	V	中度富营养	V	中度富营养	V	中度富营养	V	中度富营养	劣V	中度富营养
斧头湖（江夏区水域）	II	II	中营养	III	中营养	III	轻度富营养	IV	轻度富营养	III	中营养
斧头湖（咸宁市水域）	II	II	中营养	III	中营养	III	中营养	III	中营养	IV	轻度富营养
后官湖	III	III	轻度富营养	III	中营养	IV	中营养	IV	轻度富营养	IV	轻度富营养
张渡湖	III	IV	中营养	IV	中营养	IV	轻度富营养	V	轻度富营养	V	轻度富营养
后 湖	III	IV	轻度富营养	IV	轻度富营养	IV	轻度富营养	IV	轻度富营养	V	中度富营养
梁子湖（江夏区水域）	II	II	中营养	II	中营养	II	中营养	II	中营养	III	中营养
梁子湖（鄂州市水域）	II	II	中营养	III	中营养	III	中营养	III	中营养	III	轻度富营养
大冶湖（内湖）	III	V	轻度富营养	IV	轻度富营养	IV	轻度富营养	IV	轻度富营养	V	中度富营养
大冶湖（外湖）	II	IV	轻度富营养	IV	轻度富营养	IV	轻度富营养	IV	轻度富营养	IV	轻度富营养
保安湖	II	IV	中营养	IV	中营养	IV	轻度富营养	III	中营养	IV	轻度富营养

湖泊名称	规划类别	2014 年		2015 年		2016 年		2017 年		2018 年	
		水质类别	营养状态	水质类别	营养状态	水质类别	营养状态	水质类别	营养状态	水质类别	营养状态
洪湖	Ⅱ	Ⅲ	中营养	Ⅲ	轻度富营养	Ⅳ	中营养	Ⅳ	中营养	Ⅳ	轻度富营养
长湖（荆门市水域）	Ⅲ	Ⅴ	轻度富营养	Ⅴ	轻度富营养	Ⅴ	轻度富营养	Ⅴ	轻度富营养	Ⅴ	轻度富营养
长湖（荆州市水域）	Ⅲ	劣Ⅴ	轻度富营养	劣Ⅴ	—	Ⅳ	中营养	Ⅲ	中营养	Ⅲ	中营养
汈汊湖	Ⅲ	Ⅲ	—	Ⅲ	轻度富营养	Ⅲ	中营养	Ⅲ	中营养	Ⅳ	中营养
鲁湖	Ⅱ	Ⅲ	中营养	Ⅲ	轻度富营养	Ⅳ	轻度富营养	Ⅳ	轻度富营养	Ⅳ	轻度富营养
西凉湖	Ⅲ	Ⅲ	中营养	Ⅲ	轻度富营养	Ⅲ	轻度富营养	Ⅲ	中营养	Ⅳ	轻度富营养
网湖	Ⅲ	Ⅲ	中营养	劣Ⅴ	中营养	Ⅴ	中营养	劣Ⅴ	中营养	劣Ⅴ	轻度富营养
龙感湖	Ⅲ	Ⅲ	中营养	Ⅲ	中营养	Ⅲ	中营养	Ⅲ	中营养	Ⅳ	轻度富营养
黄盖湖	Ⅱ	Ⅱ	中营养	Ⅱ	中度富营养	Ⅱ	中营养	Ⅱ	中营养	Ⅳ	中营养
澴东湖	Ⅲ	—	—	—	中营养	Ⅳ	—	Ⅳ	轻度富营养	Ⅳ	轻度富营养

2.3.2 自然保护区和湿地保护情况

湖北省有武陵山区等 4 个国家级重点生态功能区，是中部地区重要的生态屏障。目前，全省建立了各级各类自然保护区 82 个，总面积达 112.5

万 hm^2，约占全省国土总面积的 6.05%。其中，涉及水环境的国家级自然保护区有 7 个，包括长江新螺段白鱀豚国家级自然保护区、长江天鹅洲白鱀豚国家级自然保护区、湖北五峰后河国家级自然保护区、湖北龙感湖国家级自然保护区、湖北忠建河大鲵国家级自然保护区、湖北洪湖国家级自然保护区、湖北南河国家级自然保护区；省级自然保护区有 12 个，包括万江河大鲵省级自然保护区、长江宜昌中华鲟省级自然保护区、梁子湖湿地省级自然保护区、沉湖湿地省级自然保护区、网湖湿地省级自然保护区、丹江口库区湿地省级自然保护区、大九湖湿地省级自然保护区、二仙岩湿地省级自然保护区、五龙河省级自然保护区、漳河源省级自然保护区、上涉湖湿地省级自然保护区、监利何王庙长江江豚省级自然保护区。

近年来，湖北省不断加大湿地保护和修复力度，湿地面积由减变增。截至 2019 年，全省共建成国际重要湿地 4 个、国家级湿地类型保护区 6 个、省级湿地类型保护区 10 个、市县级湿地类型保护区 27 个、国家湿地公园 66 个、省级湿地公园 38 个、湿地保护小区 29 个，湿地保护面积达 1 024 万亩，湿地保护率提高到 47.29%。

2.4　湖北省水安全形势

2.4.1　水安全面临的问题

1. 水灾害频发，防洪薄弱环节较多，防灾减灾能力较弱

湖北省是行洪走廊、蓄水袋子，以 2019 年的数据为例，湖北省承接了从长江上游和源于陕南秦岭的汉水上游来水，以及湖南省湘江、资水、沅江、澧水汇入洞庭湖经城陵矶港的入境水，过境水资源年均总量达到 6 124

亿 m^3，是湖北省当年水资源总量的 7.15 倍。自 20 世纪 50 年代以来，湖北省平均 6 年就会发生一次重大洪涝灾害，每年汛期长达 6 个多月。虽然长江干堤的防洪能力有了大幅提高，但荆南四河堤防、汉江干堤、连江支堤的防洪能力仍然较弱，中小河流防洪标准较低，湖泊堤防基础较差，分蓄洪区建设和山洪灾害防治能力比较滞后，水库、涵闸、泵站病险较多。

2. 自产水资源量不高，分布不均衡，部分地区水资源短缺

虽然过境客水较多，但人均自产水资源量仅为 1 658 m^3，低于全国平均水平 1/3，按照国际标准测算属中度缺水地区。鄂北、鄂西北一带素来被称作“旱包子”，为十年九旱之地，2010—2014 年已连续 5 年大旱。近年来，干旱重灾区由传统的鄂北岗地向江汉平原过渡地带蔓延。2013 年，全省 17 个市（州）普遍成旱，高峰时受旱农田达 2 627 万亩，221 万人饮水困难。随着经济社会的发展，一些地区的产业、人口耗水量逐渐接近水资源承载上限，水供需矛盾日趋尖锐。2012 年，全省万元工业增加值用水量为 115 m^3，是全国平均水平（69 m^3）的 1.67 倍。2013 年，全省农业灌溉水利用系数为 0.489，比全国平均水平低了 6 个百分点。

2.4.2 水安全保障情况

1. 防汛抗旱工作开展情况

改革开放 40 多年来，特别是党的十八大以来，湖北省委、省政府始终把防汛当作天大的事来抓，把强化责任落实放在首位，持续建立健全了防汛抗旱责任体系。长江干流、汉江干流防洪体系进一步完善，荆江大堤、荆南四河堤防加固等工程全面建设，汉江、清江等 17 条重要支流重点河段

治理工程快速推进，荆江、杜家台等分蓄洪区的滞蓄洪工程和安置工程建设取得重大进展。中小河流防洪能力显著提高，454 条（段）中小河流重点河段和 8 个中小河流治理重点县治理工程全部实施。山洪灾害预警防治能力从无到有，74 个县（市、区）山洪灾害防治县级非工程措施建设全部完成。抗旱应急水源工程建设全面推进，鄂北引水工程取得突破性进展。全省人民在湖北省委、省政府的坚强领导下，众志成城、顽强拼搏，先后战胜了 1983 年、1991 年、1996 年、1998 年、1999 年、2016 年、2017 年等年份发生的 20 多次流域性和区域性大洪水，抗御了 1978 年、1988 年、2000 年、2001 年等年份发生的大面积干旱，特别是 2010—2014 年出现的历史罕见“五连旱”，实现了防洪保安全、抗旱保供水、减灾保发展的目标，为湖北省经济社会的和谐稳定发展提供了有力支撑。

2. 饮用水安全保障情况

湖北省出台了《湖北省城市饮用水水源地环境保护规划实施方案（2010—2020 年）》《湖北省县级以上集中式饮用水水源保护区划分方案》等系列文件，通过水源地规范化建设、加强水质监测、推进水源地保护区问题整改等措施，保证了全省集中式饮用水水源地水质的总体稳定安全。

（1）水源地环境保护不断强化

近年来，湖北省积极推动完成地市级、县级城镇集中式饮用水水源地环境状况评估，着力摸清了农村水源地环境保护底数，全面推进了水源地规范化建设。近年来全省未发生水源地突发环境污染事故，县级以上水源地环境质量良好，13 个重点城市辖区内的 39 个水厂、36 个集中式饮用水水源地，13 个地市、3 个直管市及神农架林区的 103 个在用县级城镇集中式饮用水水源地和 8 个备用水源地达标率均为 100%，1 040 个农村水源地的环境基础信息采集工作全面完成，并按上述方案要求对饮用水水源地保护区设置隔离防护设施、警示标牌及监控设施。

（2）饮用水水源地保护区划定和调整逐步推进

结合国家“三线一单”[①]工作编制要求，湖北省生态环境厅组织开展了全省饮用水水源地保护区划定工作，2018 年完成新增 19 个饮用水水源地保护区和调整 13 个县级以上水源地保护区划定工作。印发了《关于全面开展“百吨千人”供水工程水源保护区划定工作的通知》，在全国率先启动了小规模集中式饮用水水源地保护区（范围）划定工作，完成全省 893 个“千吨万人”规模农村乡镇集中式饮用水水源地保护区划分工作。

（3）水源地问题整改工作有效开展

按照“一源一案一档”的要求，湖北省生态环境厅对饮用水水源地突出问题按照“旬调度、月通报、年结账”的方式进行销号管理。截至 2019 年年底，全省县级及以上集中式饮用水水源地全部达标，乡镇级水源地排查整治正持续推进。全省自查 101 个饮用水水源地发现的 83 个问题和中央生态环境保护督察组交办的 189 个环境问题已全部整改完成，整改完成率为 100%。

① “三线一单”即生态保护红线、环境质量底线、资源利用上线和生态环境准入清单。

第3章

长江大保护下湖北迫切需要解决的问题

3.1 沿江工厂密布，以重化工企业为主

2018 年 4 月，习近平总书记在视察湖北时要求开展长江生态环境大普查，系统梳理和掌握各类生态隐患和环境风险，做好资源环境承载能力评价，给“母亲河”做一次大“体检”。为落实长江生态环境大普查工作，湖北省生态环境厅成立了工作专班并编制了《湖北省长江大普查工作方案》，及时开展长江湖北段大普查工作。大普查工作对长江（湖北段）干流两岸沿线 0～15 km 范围内的建材、火电、石化、造纸、印染、制革、磷化工、氮肥、钢铁、有色金属冶炼、电镀、原料药制造、农药、农副食品加工等行业企业的基本情况展开调查，结果表明在这一范围内共有企业 3 979 家，其中 0～1 km 范围内的企业有 763 家，1～15 km 范围内的企业有 3 216 家。

长江（湖北段）沿线各市（州）企业数量分布情况见表 3-1。

表 3-1 长江（湖北段）沿线各市（州）企业数量分布

市（州）	企业数量/个		合计
	沿江 0～1 km	沿江 1～15 km	
武汉市	160	935	1 095
黄石市	69	279	348
宜昌市	240	654	894
鄂州市	33	263	296
荆州市	155	639	794
黄冈市	76	390	466
咸宁市	28	46	74
恩施州	2	9	11
仙桃市	0	1	1
湖北省	763	3 216	3 979

长江（湖北段）沿江 0～15 km 范围内企业数量从多到少的分布区域依次为武汉市、宜昌市、荆州市、黄冈市、黄石市、鄂州市、咸宁市、恩施州和仙桃市，其中，武汉市沿江企业数量超过了 1 000 家，宜昌市和荆州市沿江企业数量超过了 500 家（图 3-1）。长江（湖北段）沿江 0～1 km 范围内，武汉市、宜昌市和荆州市沿江企业数量超过了 100 家，其中，宜昌市企业分布数量最多，武汉市次之（图 3-2）。长江（湖北段）沿江 1～15 km 范围内，武汉市、宜昌市和荆州市沿江企业数量超过了 500 家，其中，武汉市企业分布数量最多，宜昌市次之（图 3-3）。

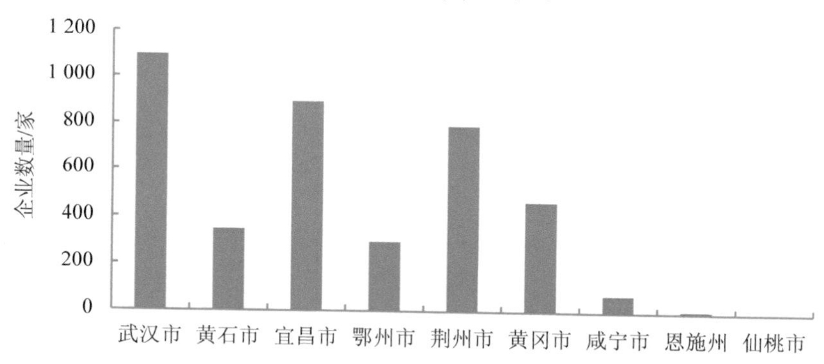

图 3-1　长江（湖北段）沿线各市（州）企业数量分布（0～15 km）

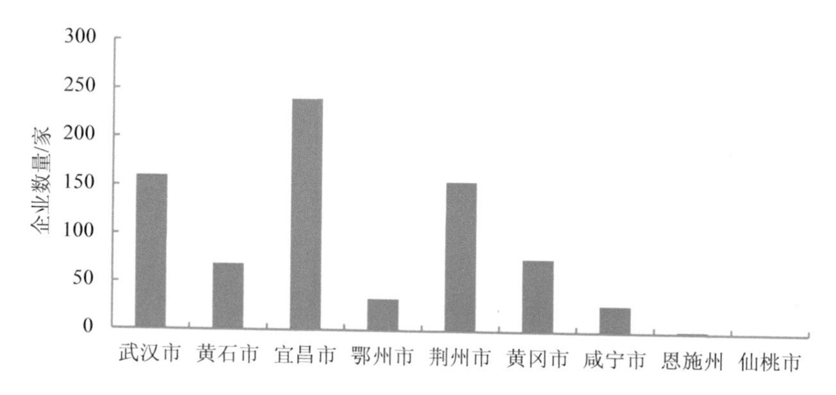

图 3-2　长江（湖北段）沿线各市（州）企业数量分布（0～1 km）

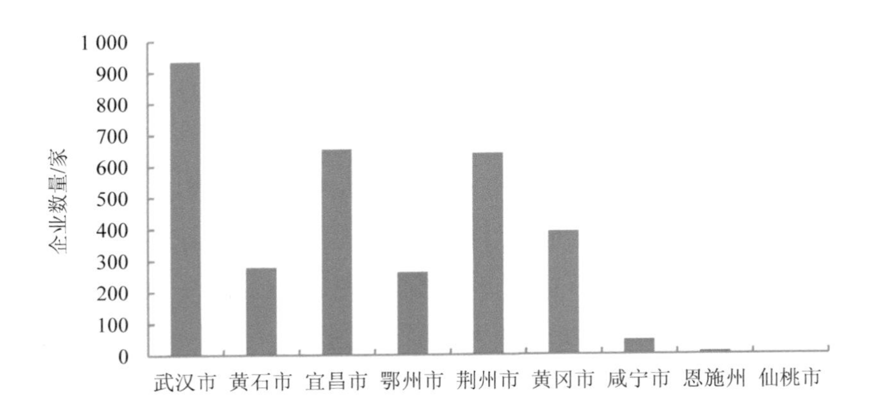

图 3-3 长江（湖北段）沿线各市（州）企业数量分布（1～15 km）

长江（湖北段）沿线 0～15 km 内主要分布有建材、农副食品加工、造纸和钢铁行业企业 3 770 家，其中，建材行业企业有 2 214 家，占比 58.7%；食品加工企业有 1 024 家，占比 27.2%；造纸企业有 328 家，占比 8.7%；钢铁行业企业有 204 家，占比 5.4%。分段来看，长江（湖北段）沿线 0～1 km 内共分布企业 712 家，其中，建材行业企业有 445 家，占比 62.5%；食品加工企业有 163 家，占比 22.9%；造纸企业有 63 家，占比 8.8%；钢铁行业企业有 41 家，占比 5.8%。长江（湖北段）沿线 1～15 km 内共分布企业 3 058 家，其中，建材行业企业有 1 769 家，占比 57.8%；食品加工企业有 861 家，占比 28.2%；造纸企业有 265 家，占比 8.7%；钢铁行业企业有 163 家，占比 5.3%。

从普查结果来看，湖北省的产业以重化工业为主，长江沿线重化工企业数量众多，重污染企业密集分布，资源消耗型产业比重偏大。长期以来，重污染企业威胁着长江的生态环境安全，化工污染一直是长江环境的“心腹大患”。

3.2 非法码头林立，抢占岸线资源

长江素有“黄金水道”之称，水域宽广、流量充沛，而且水运价格远低于公路、铁路的运输价格。2004 年《中华人民共和国港口法》（以下简称《港口法》）颁布实施后，部分单位和人员未经审批抢占岸线资源，致使长江沿岸出现了许多不符合港口岸线利用规划及土地利用总体规划且无港口经营许可证、违规占用港口岸线的非法码头。截至 2016 年 4 月，湖北省长江干线无证码头共有 477 个，占用岸线 56 639 m，其中，2004 年《港口法》出台之前的非法码头有 274 个，占用岸线 34 122 m。

非法码头不仅使周围的环境脏乱不堪、滩地生态破坏严重，船舶的浓烟滚滚、油污横流也威胁着水源地的用水安全。非法码头林立还会大量占用甚至非法占用河道，对长江的行洪能力、航道通航条件、船舶运行安全等都会造成严重影响，极易造成安全隐患。尤其是在长江进入枯水期，航道变浅、变窄后，大量码头与作业船只非法占用河道，给船舶航行安全带来的影响绝对不容小觑。尤为重要的是，非法码头的存在会严重侵蚀长江宝贵的岸线资源，破坏长江水运的可持续发展，而长江岸线资源属于特殊的土地资源，具有稀缺性和不可再生性。

3.3 沿江排污口多，威胁饮用水水源地安全

入河排污口通常是造成江河水污染的直接污染源。湖北省长江生态环境大普查的调查结果显示，通过对沿江所有排污口——所有连续或间歇向长江、汉江干流和一级支流排污的入河排污口，包括明渠（涵洞、沟渠等）、管道、泵站、涵闸等进行调查及排查，直接进入长江干流的排污口共计 212

个，其中，工业废水排污口 60 个、生活污水排污口 43 个、混合污废水排污口 109 个。

直接进入长江干流的不同类型排污口分布见图 3-4。湖北省直接进入长江干流的排污口中，混合污废水排污口占比为 51.42%，工业废水排污口占比为 28.30%，生活污水排污口占比为 20.28%。众多排污口沿江分布与城镇集中饮用水水源地犬牙交错，威胁水源地安全，沿江城镇供水水质污染事故常有发生。

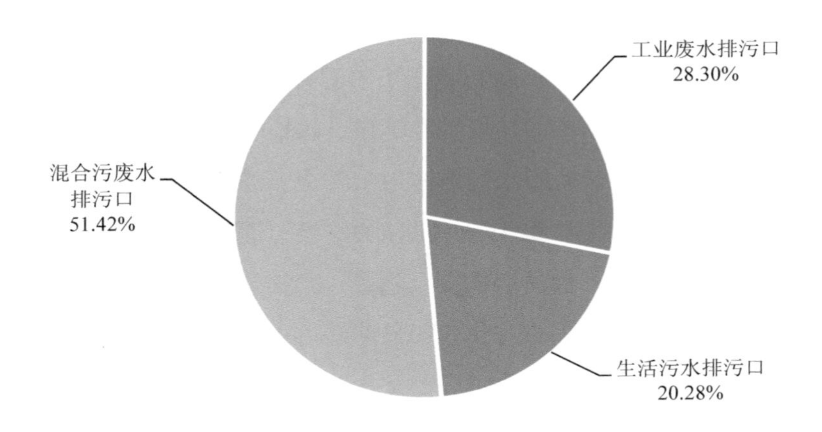

图 3-4 直接进入长江干流的不同类型排污口分布比例

直接进入长江干流的不同入河方式排污口分布见图 3-5。湖北省直接进入长江干流的排污口中，暗管入河方式的排污口有 54 个、泵站方式的有 28 个、涵闸方式的有 47 个、明渠方式的有 61 个，其他入河方式的排污口有 22 个。其中，明渠入河方式的排污口最多，占比 28.77%；其次是暗管方式，占比 25.47%。

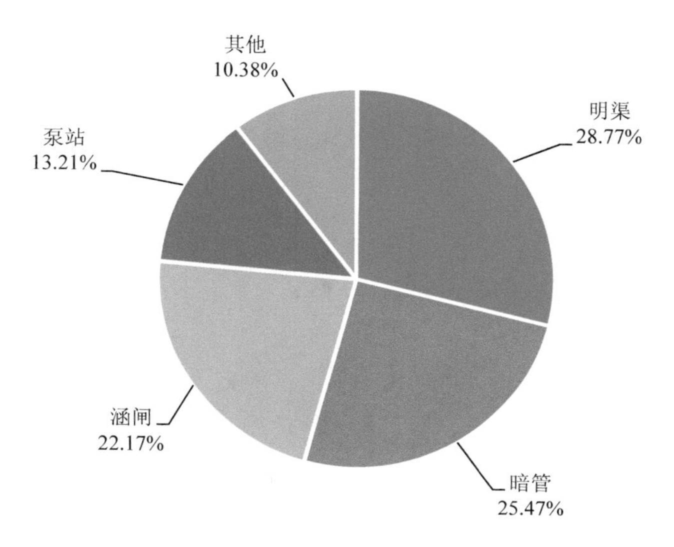

图 3-5 直接进入长江干流的不同入河方式排污口分布比例

按照分布地区分类，沿江排污口分布情况见表 3-2。

表 3-2 湖北省沿江排污口分布情况 单位：个

地区	工业废水排污口数量	生活污水排污口数量	混合污废水排污口数量	合计
鄂州市	1	0	2	3
恩施州	0	1	1	2
黄冈市	1	8	6	15
黄石市	6	4	8	18
荆州市	14	0	3	17
武汉市	21	6	43	70
咸宁市	0	0	6	6
宜昌市	17	24	40	81
合计	60	43	109	212

按照分布地区分类，宜昌市和武汉市直接进入长江干流的排污口最多，分别占比 38.21%和 33.02%（图 3-6）。长江是武汉市与宜昌市主要的城市供水水源地，因此沿江排污口对两市的饮用水安全构成较大威胁。

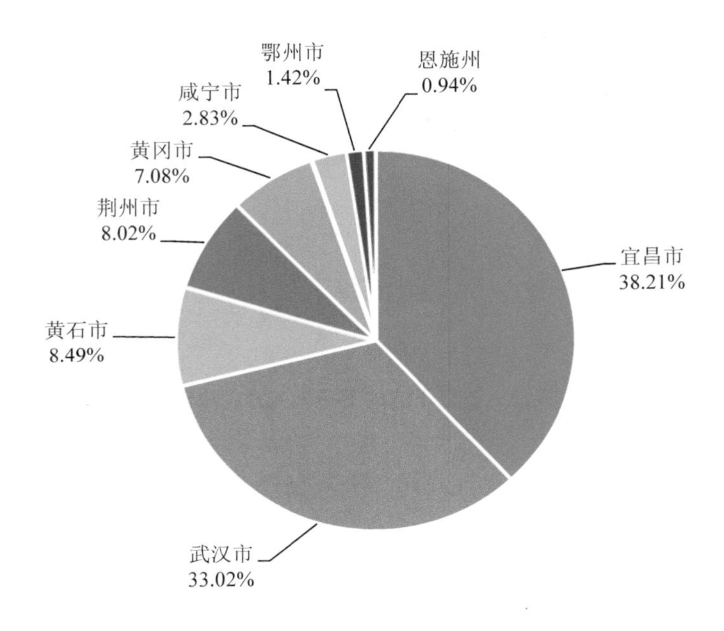

图 3-6 长江干流不同地区排污口分布比例

3.4 生物多样性保护问题突出

长江中游的湖北省堪称“水乡泽国”，长江、汉江等大小河流和湖泊为水生生物提供了良好的生境，水生生物多样性十分丰富，长江独特的生态系统是我国重要的生态宝库。据湖北省农业水产部门的调查，湖北省现有鱼类 176 种、底栖动物 86 种、浮游动物 210 种、水生植物 173 种，其中，国家重点保护一级水生野生动物有白鱀豚、中华鲟、白鲟、达氏鲟、鼋 5

种，国家重点保护的二级水生野生动物有江豚（按一级管理）、大鲵、胭脂鱼、水獭等 7 种，省级重点保护的水生野生动物有 30 种。长江的鱼类水产资源量大、种类丰富，鱼类资源中经济价值较高的鱼类在湖北有近百种，如“四大家鱼”（青鱼、草鱼、鲢鱼、鳙鱼）、团头鲂（武昌鱼）、中华倒刺鲃、翘嘴鲌、长薄鳅、南方鲇、黄颡鱼、乌鳢等都是著名的经济鱼类品种。

为认真贯彻落实习近平总书记提出的“共抓大保护，不搞大开发”重要指示精神和国务院发布的《水污染防治行动计划》（国发〔2015〕17 号），生态环境部、农业农村部、水利部印发了《重点流域水生生物多样性保护方案》（环生态〔2018〕3 号），要求养护和合理利用水生生物资源，维护水生生物多样性。对于长江经济带建设，《国务院关于依托黄金水道推动长江经济带发展的指导意见》（国发〔2014〕39 号）提出明确要求：“加强长江物种及其栖息繁衍场所保护，强化自然保护区和水产种质资源保护区建设和管护。”但由于长期以来的不合理开发和利用，长江生态系统受到严重影响，水生生物多样性受损案例十分突出。

虽早在 1992 年长江（新螺）江段就建立了白鱀豚国家级自然保护区，但白鱀豚种群数量仍逐年锐减，到 2002 年据科考调查估计不足 50 头，因而白鱀豚成为世界上 12 种最濒危动物之一。2006 年 12 月，中国、瑞士、英国、美国、德国和日本 6 个国家的 20 位科学家坐船沿长江上游而下，开始了为期 6 周的“寻找白鱀豚”活动，然而却未见其踪影，至此长江白鱀豚被国际上定义为“功能性灭绝”[①]。10 多年前常在长江中见到的另一哺乳纲动物江豚，其种群也在萎缩，2013 年被列入世界自然保护联盟（IUCN）濒危物种红色名录极危物种和《华盛顿公约》（CITES）附录 I 濒危物种。2018

① 参见 2007 年 8 月 8 日英国《皇家协会生物信笺》期刊上刊登的《2006 长江豚类考察》报告。

年 7 月 24 日农业农村部公布的消息表明，长江江豚仅剩约 1 012 头。同时处于濒危状态的还有长江的大型旗舰物种中华鲟。葛洲坝枢纽建成后切断了中华鲟由入海口上溯到金沙江的繁殖洄游通道，之后虽对其开展了人工繁殖和放流工作（长期捕捞中华鲟野生亲鱼进行人工增殖，累计放流 600 万尾），但 2013—2019 年只有两年监测到其自然产卵现象，中华鲟的数量和规模并没有因为人工繁殖而增加。物种可持续生存只能寄希望于自然产卵场的形成和野生种群的扩大。世界上最大的淡水鱼——从晚侏罗纪就在长江流域生存下来的白鲟，于 2019 年被确定灭绝，敲响了亟须加强长江生物保护和生态系统修复的警钟。

长江流域的水生生物资源严重衰退，其中，酷渔滥捕是破坏水生生物资源最直接的因素，因此长江大保护行动将坚决施行长江干流和重要支流为期 10 年的全面禁捕（从 2020 年年底开始）。水生态环境受到的持久压力来自人类开发活动的不断加大，如江河岸线的过度开发，湖北省较为突出的问题有沿岸码头（包括非法码头）的无序建设使自然岸线减少，再加上猖獗的非法采砂等活动，改变了长江流域生态系统自然性，对水生生物常态化生息繁衍构成严重威胁，使其栖息、繁殖场所遭到破坏。

湖北省境内因河湖连通而构成了密集的水网，而水生生物与长江河湖生态系统的关系密不可分。世界自然基金会（WWF）将江湖的连通称为“长江的生命之网”[①]，但长江上历年建设的水利设施很多都阻隔了江湖的连通性，改变了江河湖泊的自然模式，严重影响了水生生物的生境。江河的梯级开发（如在汉江）加剧了鱼类的生存威胁——水文情势被改变、鱼类洄

① 2005 年由世界自然基金会、国际湿地公约秘书处和国家林业局等多个部门和单位发起的“还长江生命之网”活动在长江流域的上海、江苏、安徽、江西、湖北、湖南、重庆、四川等省（市）举行，活动主题为“长江的干流、支流及其湖泊和流域内所有的生命共同构成了一个有机的生命网络”。

游被阻隔、种群（如“四大家鱼”）下降趋势明显。近 10 年来，由于生态保护力度的加大，国家兴建的梯级水利枢纽大坝考虑了过鱼设施的建设（如采用了鱼道、鱼闸、升鱼机和集鱼船等形式），给中华鲟等洄游鱼类索饵、繁殖让出通道。

长江、汉江（湖北段）水系发达、支流众多，特别是山区支流的水生生物多样性独特，如鄂西的恩施州、宜昌市与鄂西北的十堰市山区有大鲵、水獭、棘胸蛙等特有物种。自 20 世纪 80 年代起湖北省部分地区在山区支流上兴起了小水电站（引水式电站）建设，这对于改善山区人民生活、解决农副产品加工和工业发展用电需求发挥了作用。然而，随之出现了无序、过度开发的局面（到 2017 年全省已建设小水电站 1 724 座），众多引水式电站对当地河流生态和下游生活用水的影响十分突出：早期建设的小水电站多数未建“生态流量泄放”设施，或因监控不严导致电站拦水坝下的河道基本断流干涸，鱼类等水生生物的生存环境被严重破坏。小水电站引发的生态环境问题日益引起广泛关注。近年来，湖北省内有关地县决定关停环境影响严重的小水电站，截至 2018 年，全省已关闭小水电站 100 多座，同时还发起了小水电站“绿色革命”，对其实施生态改造，大力推行“生态流量泄放”，创建绿色水电站，实现生态效益和经济效益的共赢，多措并举地修复流域生态，保护山区的生物多样性。

第4章

湖北省近年出台的水环境治理政策法规

4.1 流域治理相关政策法规

4.1.1 流域污染防治相关立法

1999 年，湖北省人大首次就全省流域污染防治立法，《湖北省汉江流域水污染防治条例》正式出台。

2014 年 1 月 22 日，湖北省第十二届人民代表大会第二次会议审议通过了《湖北省水污染防治条例》。

2019 年 9 月 26 日，湖北省第十三届人民代表大会常务委员会第十一次会议通过了《湖北省清江流域水生态环境保护条例》。该条例首次制定了清江流域发展负面清单，包括岸线、河段、区域和产业等方面的禁止性规定，并于 2020 年 1 月 1 日起正式施行。

2019 年 11 月 26 日，《湖北省汉江流域水污染防治条例（修订草案）》提交湖北省第十三届人民代表大会常务委员会第十二次会议审议。该修订草案强化了政府责任，规定省人民政府和汉江流域各级人民政府应当将水污染防治纳入国民经济和社会发展规划及年度计划，建立健全流域水污染防治工作机制；同时，还完善了监督管理制度，要求汉江流域实行产业准入负面清单制度，由省人民政府制定的汉江流域发展负面清单应向社会公开。

4.1.2 流域治理相关政策

1. 碧水保卫战

2019 年 5 月 24 日，中国共产党湖北省第十一届委员会第五次全体会议通过了《中共湖北省委关于打好三大攻坚战重点战役的意见》。其中，有关打赢碧水保卫战部署了一系列相关举措：重点整治一批不达标断面，基本消除一批劣Ⅴ类水体，全面防控一批风险断面；全面推进河湖长制提档升级，推进河湖划界确权，完成河湖“清四乱”（清理乱占、乱采、乱堆、乱建）；加强饮用水水源地和备用水源地建设，开展集中式饮用水水源地环境问题整治行动；推进武汉、咸宁、荆州等地截污管网建设，消除城市建成区黑臭水体；推进工业园区、集聚区污水管网全覆盖，污水集中处理设施稳定达标排放；开展自然保护区监督检查专项行动；深入实施“四个三重大生态工程”。

2. 河湖长制

2018 年 12 月，《湖北省全面推行河湖长制实施方案（2018—2020 年）》（以下简称《三年实施方案》）正式印发。该方案是对 2017 年 1 月 21 日省委办公厅、省政府办公厅印发的《湖北省关于全面推行河湖长制的实施意见》的任务再细化、措施再实化，以及部分基层典型经验的总结推广，标志着湖北省河湖长制工作已加快从“全面建成”向“提档升级”转变，从“有名”向“有实”转变，从“见河长、见行动”向“见行动、见成效”转变。

早在 2017 年 12 月 14 日，湖北省就发布了第 1 号省河湖长令，要求全省各级河湖长立即行动起来，从即日起至 2018 年春节前夕，开展碧水保卫战“迎春行动”，让荆楚河湖旧貌换新颜。同时，要求集中两个月的时间开展以下 5 项专项行动：

①全面开展清河（湖、库）保洁行动，全力清除沿岸、水面各类垃圾；

②全面开展专项执法检查行动，严厉打击非法采砂、非法捕捞等违法行为；

③全面开展非法侵占水域岸线治理行动，对涉河（湖、库）历史遗留

阻水建筑物和违章建筑物进行清理、拆除；

④全面开展河湖管理范围划界确权行动，加强河（湖、库）水域空间管控；

⑤全面开展水葫芦、水花生治理行动，推进其资源转化利用研究，着力遏制其泛滥成灾之势，促进水环境持续改善。

2018 年 5 月 9 日湖北省发布了第 2 号省河湖长令，要求全省各级河湖长立即行动，从即日起至 2018 年年底，在全省开展以“四大行动”为主体的碧水保卫战“清流行动”，保护好长江“母亲河”，加快实现荆楚河湖永畅长清。

一要大力开展空间管控行动，着力打好长江岸线清理整治、化工企业后靠腾退、固体废物排查整治、湖库拆围与巩固、水域行洪障碍清除、腾退岸线复绿、打击非法采砂七场“硬仗”；二要大力开展水质提升行动，组织开展城乡截污治污、城市黑臭水体治理、集中饮用水水源地问题整改、河湖生态流量水位调度保障、增殖放流与打击非法捕捞、推行“企业河湖长”制度六大专项行动；三要大力开展标准建设行动，按照先划界后确权的原则，依法划定岸线保护区、保留区、控制利用区和开发利用区并登记、确权。强化河湖跨界断面水质监测能力建设，分级布设跨市、县重要河湖断面水质监测站点等。

2019 年 4 月，湖北省发布了第 3 号省河湖长令，要求全省各级河湖长立即行动，从即日起至 2019 年年底，在全省开展碧水保卫战“示范建设行动”，坚持典型引路、示范带动，打造新亮点，培育新动能。

抓好“示范河湖”建设行动，每个市、州、县至少创建一条（个）“示范河湖”，在治理管护体制机制上做到“八有”；抓好“示范单位”建设行动，分级培育落实河湖长制工作“标杆”，“示范单位”要达到“七个有力”（组织领导有力、工作队伍有力、管护机制有力、经费保障有力、宣传发动有力、系统治理有力、考核问责有力）；抓好“示范人物”建设行动，树立一批“河湖长”“企业河湖长”“民间河湖长”，河湖保洁、河湖志愿服务先进个人。

2020 年 5 月 7 日，湖北省发布了第 4 号省河湖长令，要求各级河湖长、河湖长办及有关单位立刻行动起来，在全省开展碧水保卫战“攻坚行动”。

一是开展水质提升攻坚行动，要求到 2020 年年底，“水十条”考核断面水质优良比例达到 88.6%，消除劣Ⅴ类国控断面；2020 年实现万元 GDP 用水量、万元工业增加值用水量较 2015 年下降 30%的目标。二是开展空间管控攻坚行动，完成河湖和水利工程划界确权任务；推进河湖“清四乱”常态化、规范化；逐步建立跨县（市、区）河湖全覆盖的流域生态补偿机制。三是开展小微水体整治攻坚行动，落实落细小微水体“一长两员”[①]长效管护机制；到 2020 年年底前，基本完成城区小微水体整治任务，完成 60%以上的农村小微水体整治任务。四是开展能力建设攻坚行动，建成河湖长制信息管理系统，不断健全完善河湖保护共治机制。

《三年实施方案》以习近平新时代中国特色社会主义思想为指导，把修复长江生态环境摆在压倒性位置，深入贯彻落实党中央、国务院和湖北省委、省政府关于加快生态文明建设与全面推行河长制、湖长制的决策部署，细化且明确了湖北省 2018—2020 年河湖长制工作的目标、任务、措施、责任分工和完成时限，为全省河湖长制工作提档升级描绘了“施工图”，为维护河湖生命健康、实现河湖功能永续利用，确保一江清水东流、一库净水北送，让“千湖之省”碧水长流提供了有力的制度保障，对于打赢碧水保卫战、助推长江大保护、建设美丽湖北具有重要意义。

① “一长两员”即河湖长、监督员、保洁员。

4.2 落实长江大保护的工作方案与行动计划

自2016年习近平总书记主持召开全面推动长江经济带发展座谈会以来，湖北省将长江大保护提到了前所未有的新高度，各项工作不断向纵深推进，长江湖北段的生态环境呈现出新的面貌。

4.2.1 湖北省长江大保护十大标志性战役

2018年6月10日，湖北省人民政府印发了《沿江化工企业关改搬转等湖北长江大保护十大标志性战役相关工作方案》（鄂政发〔2018〕24号），提出了湖北长江大保护十大标志性战役，包括沿江化工企业专项整治、城市黑臭水体整治、农业面源污染整治、非法码头整治、非法采砂整治、饮用水水源地保护、沿江企业污水减排、磷石膏污染整治、固体废物排查、城乡垃圾治理。7月5日，湖北省人民政府办公厅又发布了《关于成立湖北长江大保护十大标志性战役指挥部和十五个专项战役指挥部的通知》（鄂政办函〔2018〕49号）。此外，湖北省还制定实施了长江经济带绿色发展十大战略性举措，协调推进长江经济带高质量发展和高水平保护。

湖北省长江沿线产业布局不断优化，2018年全省101家沿江1 km范围内的化工企业完成“关改搬转”，有效破解了“化工围江”问题。长江两岸完成造林绿化60.04万亩。435个入河排污口完成登记和手续补办，181个入河排污口关停封堵或并入污水处理厂。134座城市（含县城）污水处理厂已全面实施提标改造工作，建成乡镇垃圾中转站276座，治理存量垃圾872.79万m^3。

4.2.2 湖北省长江保护修复攻坚战

2019 年 7 月，湖北省人民政府发布了《湖北省长江保护修复攻坚战工作方案》。该方案提出：力争到 2020 年年底，长江流域水质优良（达到或优于Ⅲ类）的国控断面比例从 2018 年年底的 86%提升至 88.6%以上，丧失使用功能（劣于Ⅴ类）的国控断面比例低于 1.8%，并力争全面消除；省控断面水质总体逐年改善；地级及以上城市建成区黑臭水体消除比例达到 90%以上。湖北省生态环境厅认真贯彻落实生态环境部印发的《长江保护修复攻坚战行动计划》（环水体〔2018〕181 号），制定了《湖北省长江保护修复攻坚战工作方案》，明确了长江保护修复攻坚战的八大任务，并将其细分为 70 条主要任务及措施。一方面，在全省范围内以长江、汉江、清江等 73 条重点河流，洪湖、斧头湖等 17 个重点湖泊（21 个水域）和丹江口水库等 11 座水库为重点，开展保护修复攻坚行动。另一方面，加快劣Ⅴ类水体综合整治，编制了水质改善提升年度方案，启动了入河排污口排查工作，进一步明确了长江入河排污口“三级排查”工作要求；启动了“三磷”排查整治专项行动，对全省“三磷”企业信息进行调度核实；推进“绿盾”专项行动，持续推进“清废”专项行动，编制完成了尾矿库污染防治工作方案；加强饮用水水源地保护，完成全省“千吨万人”规模农村乡镇集中式饮用水水源地保护区划分；开展问题整治“回头看”，开展城市黑臭水体整治专项督查评估；深化工业园区污水处理设施整治，启动园区评估治理工作。

长江“十年禁渔”是以习近平同志为核心的党中央从战略和全局高度及长远发展角度做出的重大决策。长江及其最大支流汉江湖北段的鱼类等水生动物繁殖栖息地较多，是维护长江水生态系统完整性的关键水域，落实好禁渔任务十分重要和紧迫。湖北省委、省政府在全国率先立法驱动，于 2020 年 7 月通过了《关于长江汉江湖北段实施禁捕的决定》。根据该决定，长江干流湖北段上起巴东县官渡口镇、下至黄梅县小池口镇自 2021 年 1 月 1 日零时起至 2030 年 12 月 31 日 24 时，禁止天然渔业资源的生产性捕捞。2020 年，湖北省成立了长江禁捕退捕工作领导小组，由省长任组长、4 位副省级领导任副组长，跟进指导、检查督导。按照“2021 年 10 月底前水域全面禁捕，12 月底前渔民全面安置”的时间表，禁捕退捕工作被纳入地方政府绩效考核和河湖长制等目标任务考核体系，实行一周一调度、一月一会商、一年一考核。全省发动各级干部 3.5 万人次深入社区、村组、渔港、码头全面排查，做到每户必核、每证必查、每船必验，全省退捕渔船回收率达 100%，提前完成国家核定的船网回收任务。近 3 年来，湖北省财政已累计筹资 17.6 亿元，支持 94 个县（市、区）开展长江禁捕，已完成转产就业 20 457 人，占比 98.01%，参保率达 94.69%。

4.3 湖泊与湖泊湿地保护修复政策及落实情况

2004 年 11 月 29 日，湖北省委、省政府在洪湖召开现场办公会。会议强调，实现洪湖治理目标任务必须坚持“统筹兼顾、突出保护，统一规划、综合治理，妥善拆围、重在还湖，属地管理、部门支持，落实责任、加强监督”5 项原则。近年来，湖北省共印发以下相关文件：

- 2011 年 12 月 26 日，湖北省人民政府办公厅印发《湖北省县级以上集中式饮用水水源保护区划分方案》（鄂政办发〔2011〕130 号）；
- 2012 年 5 月 30 日，湖北省第十一届人大常委会第三十次会议审议通过了《湖北省湖泊保护条例》，于 2012 年 10 月 1 日起正式实施；
- 2017 年 7 月 18 日，湖北省人民政府办公厅印发《湿地保护修复制度实施方案》（鄂政办发〔2017〕56 号）；

● 2017年8月15日，湖北省政府批复《湖北省水土保持规划（2016—2030年）》（鄂政函〔2017〕97号）。

党的十八大以来，湖北省湖库保护工作坚持蹄急步稳、克难前行，为实施长江大保护战略、打造湖北生态发展优势助力添劲，取得了显著成效。一是“一湖一勘”工作已经全面完成。通过对全省湖泊进行现场勘测，摸清了湖北省现有湖泊共755个，水面面积为2 706 km^2，相应容积为53亿m^3，有效调蓄容积约为30亿m^3，形成了《湖北省湖泊资源环境调查与保护利用研究》《湖北省湖泊集》《湖北省湖泊图集》等系列成果，并以省政府名义公布了755个湖泊的保护名录。二是全省湖泊档案基本建成。湖北省逐湖开展了湖泊重要信息建档工作，将湖泊名称、位置、面积、水质、水量及湖泊保护与治理等主要内容录入湖泊档案，并纳入省档案馆永久性档案信息管理序列。三是湖泊保护规划编制进度加快。根据分级管理权限，湖北省组织完成了五大湖泊保护规划编制，督导市、县完成了543个湖泊的详细保护规划编制工作，并出台了系列文件，加快推进水生态修复。四是湖泊环境保护力度不断增强。湖北省共拆除127.54万亩围栏、围网和网箱，取缔27.45万亩投肥（粪）养殖和4.5万亩珍珠养殖，开展了退地还水、退垸还湖，累计开展湖泊保护巡查16 827人次，查处涉湖违法案件173件，问责39人。五是湖库面积萎缩、数量减少的问题得到较好遏制。湖北省主要湖库污染排放总量、富营养化的趋势得到有效控制，水功能区划达标率在70%以上，具有饮用水水源功能和重要生态功能的湖库水质达到III类及以上，湖库资源可持续利用能力不断增强，相关工作走在全国前列。

第5章

湖北省治水兴水案例

5.1 水污染防治案例：神定河污染治理

5.1.1 神定河概述

1. 流域概况

神定河为汉江干流右岸一级支流，发源于十堰市茅箭区大川老龙垭，自西南向东北流经十堰市茅箭区和张湾区，于郧阳区茶店王二沟入丹江口水库。百二河与张湾河（这两条河流上分别建有百二河和岩洞沟 2 个小型水库）在十堰市以“丫”状汇合形成神定河流，其中百二河沿途经过城市中心商住区，张湾河自南向北分别由茶树沟、镜潭沟、红卫河、岩洞沟 4 条支流汇聚而成，东风汽车集团有限公司的部分制造厂和商住区分布于此。

神定河总长 58.1 km，流域面积 227 km^2，十堰市主城区（张湾区）内河道长 16.5 km。当地气候受季风影响，年内降雨分配不均，河流水量丰枯交替频繁。神定河流域多年平均降水量为 842.7 mm，折合水量为 1.91 亿 m^3。年降水量主要集中在 4—10 月，约占全年降水量的 85.1%。有地方志记载：“神定河因多由山溪汇集，山洪暴发，河水猛涨，昔只有祈神安定，故名。”神定河多年平均年径流量为 0.482 6 亿 m^3，折合径流深度为 212.6 mm、径流系数为 0.252，年内径流量最大值为 1.17 亿 m^3、最小值为 0.09 亿 m^3，极不均衡，径流量与降水量年内变化基本一致。

2. 曾经的环境污染问题

神定河流域的降水主要集中在夏季，其他月份多为枯水期，具有雨季丰水时间短快、旱季干涸周期长的特点，致使上游水土流失日益加剧、河道淤积严重。神定河大小支流（沟）有 50 条，整治前河道普遍存在积淤现象，多固体漂浮物且呈黑臭，河滩多被利用为菜地或耕地；流经十堰市城区的河道岸边垃圾随意堆弃，污水直排河道现象普遍。历年的监测数据显示，神定河入库断面水质为劣Ⅴ类，属重度污染，主要超标因子有 COD、高锰酸盐指数、氨氮及 TP，流域主要污染源包括生活源和工业源，以生活污染源为主。神定河污染状况曾多次被中央电视台曝光，《焦点访谈》栏目曾在 2013 年 6 月 19 日以《丹江口：正被污染的水源地》为题进行了专题报道。

神定河流经十堰市城区并接纳了大量的生活污水与工业废水，河流年径流量小，尤其是旱季基本无生态基流，水体无自净条件。随着十堰市社会经济的发展和人口的增加，河流污染日趋严重。神定河流域覆盖的基本是贫困山区，环境整治能力差、环保基础设施落后，十堰市主城区至 2004 年年底才建成 1 座城市污水处理厂，但又因城市管网建设滞后、维持运行经费不足而难以正常运转，中央电视台《经济半小时》栏目曾于 2013 年 6 月 18 日针对十堰市神定河污水处理厂直排污水的问题以《流向丹江口》为题进行了报道。

十堰市位于南水北调中线核心水源区，承担着保障“一泓清水北送”的历史重任，神定河是丹江口水库的主要入库支流。国家南水北调中线工程的上马建设使远在鄂北山区的神定河污染问题备受全社会关注。神定河污染治理刻不容缓，确保中线工程水源地安全是湖北省十堰市义不容辞的责任。

5.1.2 污染治理规划与政策的实施

1. 国家有关规划及实施情况

丹江口库区是南水北调中线工程水源地，党中央高度重视水源区水质保护工作，多次强调治污与环保是南水北调工程成败的关键。在中线工程从规划、设计到建成运行的10多年间，国家有关部委陆续制定了水污染防治和水土保持的多项规划，并由国务院批复实施。

为保护好丹江口水库“一库清水”，促进区域经济、社会发展与生态环境保护，2006年国务院批复了《丹江口库区及上游水污染防治和水土保持规划》（国函〔2006〕10号）。该规划要求，丹江口库区水质长期稳定达到国家地表水环境质量标准Ⅱ类要求；汉江干流省界断面水质达到Ⅱ类标准，直接汇入丹江口水库的各主要支流达到不低于Ⅲ类标准（现状水质优于Ⅲ类水质的入库河流，以现状水质类别为目标不得降类）。神定河流域在整个规划区域中属于库区十堰市控制单元的神定河子单元。神定河作为直接汇入丹江口水库的主要支流之一，其水质目标为Ⅲ类标准，但在2000年其水质控制断面为劣Ⅴ类，超标因子为氨氮、BOD_5，与目标相距甚远。“十一五”期间，规划区各级地方政府和国务院有关部门认真贯彻落实国务院有关精神，大力推进该规划的实施，加大了工业结构调整和污染防治力度，建成了一批城镇污水、垃圾处理设施，加强了水土流失治理，提高了科技支撑能力，部分入库支流水质得到改善，丹江口水库水质保持良好，但在实施过程中也存在进展不平衡等问题。

2012年6月4日，国务院批复了《丹江口库区及上游水污染防治和水土保持“十二五”规划》（国函〔2012〕50号）（以下简称《规划》）。《规划》指出，神定河在过去的治理中并未达标，且2009年河口国控断面的湖库营养分级为重度污染；同时要求，2014 年南水北调中线工程通水之前，入库河流水质要达到水功能区水质标准，直接汇入丹江口水库的各主要支流达到不低于Ⅲ类标准，库区十堰市控制单元点源允许入河排污量中 COD 为 7 174 t/a、氨氮为 894 t/a。神定河流域作为库区十堰市控制单元的子单元，在总量控制和水质标准方面应以总体规划目标为准。神定河流域是南水北调水源地的安全保障区，其重污染河道城镇段污染治理工程被列入《规划》中的重污染入库河道内源污染治理项目。

2017 年 5 月 26 日，《丹江口库区及上游水污染防治和水土保持“十三五”规划》（发改地区〔2017〕1002 号）经国务院同意并发布。该规划指出，神定河属于神定河控制单元，其河口控制断面现状水质为劣Ⅴ类，水质目标为Ⅲ类，水质尚未达标。在“十三五”规划实施阶段，十堰市除继续进行污染源治理和城镇污水收集管网改造完善外，加强了神定河全面整治，开展了河道清淤与支沟环境整治，全面削减各类污染负荷，治理不达标入库河流，强化水污染风险管控。

2. 十堰市达标攻坚的组织机构及制度

（1）设立神定河流域治理达标攻坚指挥部

为打好污染防治攻坚战，十堰市委、市政府将神定河流域治理达标工作作为重中之重，于 2018 年 8 月设立了神定河流域治理达标攻坚指挥部（以下简称攻坚指挥部），由常务副市长任指挥长、2 名副市长任副指挥长，并在市生态环境局设攻坚指挥部办公室，从有关单位抽调人员集中办公。2019 年，攻坚指挥部下达实施干支管网排查验收专项整治、清污分流专项整治、排污口设置专项整治、支沟暗涵垃圾淤泥专项整治、面源污染专项整治、强化环境执法专项行动等九大任务，推进神定河水质逐年改善，力争国家考核断面水质消除劣Ⅴ类、重要支沟治理有决定性进展，2020 年达到地表水Ⅳ类水标准。

（2）设立神定河河长办公室

十堰市建立了市、县、乡、村四级河长体系，明确各级河长共 2 811 名，由市、区两级河长领衔，市直部门负责人为成员，负责统筹协调神定河治理达标工作，集中兵力、聚力攻坚，落实市委、市政府关于神定河综合治理的各项工作安排；同时，抽调相关部门人员凝聚部门合力，设立神定河河长办公室，其主要工作任务见表 5-1。

表 5-1　神定河河长办公室主要运转工作制度

制度名称	具体任务
专班负责制度	十堰市各区、市直各相关部门和相关单位成立神定河治理工作专班，明确分管领导和联络员，实行实名、实职、实责制，联络员要及时接收、办理、反馈神定河河长办公室安排的各项工作任务
日统计制度	市生态环境局负责每日统计发布国家考核断面神定河河口每 4 小时监测值、每日氨氮和 TP 统计表、水质日统计表等；神定河河长办公室统计汇总后形成神定河流域综合日报表，上报神定河河长和有关人员
周调度制度	神定河河长办公室每周调度重点工作任务进展情况，整理汇总后形成周调度通报报市委书记、市长、常务副市长、神定河河长、市河长办公室，同时发给神定河河长办公室成员单位主要领导
月通报制度	神定河河长办公室每月对神定河治理工作进行系统梳理，每月初形成上个月神定河治理达标工作进展情况通报，主要内容包括神定河水质分析、污水处理设施运行情况、应急调度情况、各项重点工作进展情况、下一步重点工作等
督办检查制度	神定河治理工作已纳入市委、市政府对各地、各部门年度目标考核，各区、市直各相关部门和相关单位通过细化、量化、硬化目标责任确保责任到人、时间到天、措施到位

2020 年，神定河河长办公室印发了《关于十堰市神定河治理应急调度方案（试行）的通知》和《关于神定河治理日统计、周调度、月通报工作

制度的通知》，强力抓好治理攻坚工作调度和分析，不断增强调度的科学性、有效性和针对性。

5.1.3 综合治理工程

为落实《丹江口库区及上游水污染防治和水土保持规划》中关于神定河污染治理的各项任务，十堰市政府多管齐下综合治理神定河污染。

1. 污水处理厂建设

在神定河污染综合治理工程中，污水处理厂的建设无疑是重中之重。

1998 年，十堰市政府就立项建设了第一座城市污水处理厂（神定河污水处理厂）。该污水处理厂位于神定河下游汉江路街道办事处龙潭湾，建有污水收集系统和处理系统，采用活性污泥生化处理方法，设计处理能力为 16.5 万 t/d，工程概算投资为 2.76 亿元，占地面积 87 亩，分两期建设。一期工程（图 5-1）于 2000 年建成（处理能力为 5.5 万 t/d），原设计按照《污水综合排放标准》（GB 8978—1996）中的二级标准，但由于管网建设滞后导致污水收集系统不完善，初期只能收集处理 5.5 万 t/d 的污水；二期工程于 2003 年年初建设（处理能力 11 万 t/d），2004 年 1 月建成运行。

图 5-1　神定河污水处理厂一期工程

至此，该污水处理厂的处理能力总体达到 16.5 万 t/d，排放标准按照《城镇污水处理厂污染物排放标准》（GB 18918—2002）中的一级 B 标准。但二期建成后因地方政府财力拮据难以维持正常运行，《中国青年报》曾报道：“神定河污水处理厂建成一年多来一直处于‘晒太阳’的闲置状态。”

2005 年 11 月，“十堰市神定河污水处理厂（提级）技改项目”被列入《丹江口库区及上游水污染防治和水土保持规划》：计划总投资 1.05 亿元，其中，7 000 万元用于增设污水“除磷脱氮”工艺和消毒系统，3 500 万元用于神定河流经城区 40 km 管网（支干管）建设，以完善污水收集系统；拟于 2006 年开始建设，执行 GB 18918—2002 中的一级 A 出水标准。然而，实际工程建设于 2007 年才开始，技改主体工程为改造升级原 11 万 t/d 的处理设施，工艺采用较先进的 A2/O-MBR 工艺[①]，出水水质达到 GB 18918—2002 中的一级 A 标准，但与原 5.5 万 t/d 设施处理的出水混合后，全厂出水只达到了一级 B 标准，未达到上述规划要求的一级 A 标准。

2015 年，十堰市神定河污水处理厂升级改造项目在原址开建，工程总投资 6 763.43 万元，建设内容是扩容提标改造。项目设计规模由 16.5 万 t/d 扩建至 18.0 万 t/d，改造了原 5.5 万 t/d 设施，采用 A/O（缺氧/好氧）工艺，提高了出水水质，使全厂出水达到了 GB 18918—2002 中的一级 A 标准。此外，还增加了恶臭气体（由厂内粗细格栅池、沉砂池、生物池、贮泥池及污泥浓缩脱水机房等处产生）的收集与除臭设施，增设了降噪（鼓风机、污水泵运行噪声）措施，污泥经浓缩、机械脱水处理后做成建筑材料。2016 年 3 月，神定河污水处理厂提标扩容项目建成并完成环保验收工作。

---

① A2/O 法又称 AAO 法，即厌氧-缺氧-好氧法，是一种常用的污水处理工艺。MBR 指膜生物反应器。

2. 截污管网改造

自 2018 年 8 月起，十堰市针对张湾河、百二河地区污水管网不全、老旧破损等问题，新建了截污管网，并改造老旧主管网，提高了污水收集率。一是将张湾河公园沟、秦家沟、漫漫沟 3 条混排水截污管的设计建设纳入张湾河治理方案，与百二河截污干管设计方案相衔接；二是对百二河干管实施改造，将其接入神定河主污水箱涵（堰中批发市场段），将张湾河支沟、百二河干管、张湾区、郧阳区神定河流域水生态修复等工程整合形成神定河流域系统治理方案，并督导实施到位。

从 2020 年开始，十堰市启动了建设神定河污水处理厂至神定河水质净化管网复线工程，完成了相关片区生活污水收集管网建设和涌沟治理任务，编制了神定河干管复线建设方案。此外，十堰市还进一步优化了茅箭区百二河右岸柳林沟、杨家沟清污分流方案，启动了清污分流改造工程，实施了张湾河流域岩洞沟支沟深度清污分流改造工程。目前，各项工程正在有序推进中。

3. 入河排污口整治

十堰市排污口整治范围为神定河主河道沿岸两侧，将沿岸未接入的生活污水接入主管网，并根据实际地形和高差分别设置检查井或跌水井。因十堰市本身具有山区城市的特点，污水处理厂下游的水堤沟因高差导致污水不能自流进入污水处理厂，需要在水堤沟口附近另建污水处理设施以处理沿岸居民的生活污水，达标后再排入神定河，为此人工湿地处理工艺得到了应用。人工湿地是一种投资少、运行费用低的污水净化技术，运行后取得了很好的效果；同时，湿地床上种植有较强净水能力及景观效果的湿地植物，在净化水质的同时还可以达到良好的景观效果。

4. 支沟治理

十堰市于2019年完成了神定河流域内重点支沟的详细排查勘察，编制了“一沟一策”方案，有针对性地实施了控源截污、修建清水河槽、清除河道垃圾淤泥、小微污染源治理等工程，目前已基本完成了10条支沟治理，水质基本达到Ⅲ类标准。张湾区政府负责在2019年6月底前完成本区18条重点支沟的清污分流、规范截污改造任务；茅箭区政府负责在2019年3月底前完成本区百二河沿线16条支沟的清淤工作。针对2018年国家城市黑臭水体整治专项督查组反馈的意见，十堰市对车站沟、青岩洞沟和七里沟3条黑臭水体创新采用了“污水、清水、混排水”分质收集治理方法，克服了施工困难，目前已消除黑臭水体。

5. 河道清淤

十堰市在神定河河道城区段实施了清淤工程：在部分河道较窄、河床底部多砂石且较坚实的地方采用小型挖掘机清淤，挖掘机无法清淤的河段采用人工清淤。对于淤泥的处置，根据河道受污染的不同状况采取不同的处置方法：对于靠近城区段、含生活垃圾较多的淤泥，可先运至脱水车间脱水，再运至垃圾填埋场填埋；对于其他区段的淤泥，则根据淤泥成分的监测情况直接还田或经无害化处理后还田。

6. 河道生态修复

在神定河整治的过程中，十堰市还开展了河道生态修复，并因地制宜地营造生态护岸，植树绿化，治理水土流失，改善沿岸生态环境。河道生态修复措施有跌水堰人工复氧、小型人工湿地、生态河床等；原在张湾河建设的3 000 m硬质水泥河床因违背了自然生态原则而被拆除，河槽两侧重建生态混凝土护岸，在张湾河设置散步道、慢跑道等设施。在八亩地以下至郧阳区交界处附近的河道设置人工复氧跌水堰，即利用石块、天然水坝及人工建筑物的跌水和泄流闸坝等措施增氧，在自然状态下水解、氧化水中的污染物，降低污染物浓度，提高水质，形成河道景观水体。

5.1.4　污染治理攻坚的初步成效

整治神定河历经近 20 年，在此期间十堰市不断总结经验，采取的综合措施可归纳为“控污、清污、减污、截污、治污、管污”六大举措。从神定河沿线的环境状况来看，近年来神定河流域的水质有了较大改善，可以通过神定河河口断面的环境监测水质数据（表 5-2）反映入库（丹江口水库）的水质改善情况：

①2016 年至 2018 年第一季度，神定河水质处于劣Ⅴ类，属重度污染，超标项目主要为 COD_{Cr} 和氨氮，其中氨氮长期为劣Ⅴ类；

②2018 年 6 月至 2019 年 1 月，神定河水质有一定改善，大部分能达到Ⅴ类，主要污染物为 TP 和氨氮；

③2019 年 2 月至 8 月，神定河水体污染有所反弹（劣Ⅴ类），但从 9 月开始水质（河口国控断面）提升至Ⅴ类，并于 12 月提升至Ⅳ类；

④2020 年 1 月至 4 月，神定河河口断面水质有所波动，至 5 月水质由Ⅴ类提升至Ⅳ类，且当月无水质超标项目。

2019 年年底到 2020 年年初的监测数据可以反映出神定河水质呈改善趋势。

表 5-2 2016—2020 年神定河河口断面水质监测情况

时间	断面水质目标	水质类别	水质评价	超标项目、类别、质量浓度及超标倍数
2016 年	氨氮≤3.5 mg/L、TP≤0.35 mg/L、其他指标为Ⅳ类	劣Ⅴ	重度污染	—
2017 年 3 月	氨氮≤3.5 mg/L、TP≤0.35 mg/L、其他指标为Ⅳ类	劣Ⅴ	重度污染	COD_{Cr}（Ⅴ类）0.02 倍
2017 年 6 月	氨氮≤3.5 mg/L、TP≤0.35 mg/L、其他指标为Ⅳ类	劣Ⅴ	重度污染	—
2017 年 9 月	氨氮≤3.5 mg/L、TP≤0.35 mg/L、其他指标为Ⅳ类	劣Ⅴ	重度污染	氨氮（劣Ⅴ类）3.63 mg/L
2017 年 12 月	氨氮≤3.5 mg/L、TP≤0.35 mg/L、其他指标为Ⅳ类	劣Ⅴ	重度污染	—
2018 年 3 月	氨氮≤3.5 mg/L、TP≤0.35 mg/L、其他指标为Ⅳ类	劣Ⅴ	重度污染	氨氮（劣Ⅴ类）4.43 mg/L
2018 年 6 月	氨氮≤3.5 mg/L、TP≤0.35 mg/L、其他指标为Ⅳ类	Ⅴ	中度污染	—
2018 年 9 月	氨氮≤3.5 mg/L、TP≤0.35 mg/L、其他指标为Ⅳ类	Ⅴ	中度污染	TP（Ⅴ类）0.38 mg/L
2018 年 12 月	氨氮≤3.5 mg/L、TP≤0.35 mg/L、其他指标为Ⅳ类	劣Ⅴ	重度污染	氨氮（劣Ⅴ类）6.07 mg/L

时间	断面水质目标	水质类别	水质评价	超标项目、类别、质量浓度及超标倍数
2019 年 1 月	氨氮≤3.5 mg/L、TP≤0.35 mg/L、其他指标为Ⅳ类	V	中度污染	—
2019 年 2 月	氨氮≤3.5 mg/L、TP≤0.35 mg/L、其他指标为Ⅳ类	劣V	重度污染	COD_{Cr}（V类）0.1 倍
2019 年 3 月	氨氮≤3.5 mg/L、TP≤0.35 mg/L、其他指标为Ⅳ类	劣V	重度污染	氨氮（劣V类）7.80 mg/L、TP（劣V类）0.66 mg/L
2019 年 4 月	氨氮≤3.5 mg/L、TP≤0.35 mg/L、其他指标为Ⅳ类	劣V	重度污染	溶解氧（V类）2.52 mg/L、氨氮（劣V类）4.83 mg/L、TP（劣V类）0.86 mg/L、COD_{Cr}（V类）0.13 倍
2019 年 5 月	氨氮≤3.5 mg/L、TP≤0.35 mg/L、其他指标为Ⅳ类	劣V	重度污染	氨氮（劣V类）11.1 mg/L、TP（劣V类）0.61 mg/L、COD_{Cr}（V类）0.27 倍
2019 年 6 月	氨氮≤3.5 mg/L、TP≤0.35 mg/L、其他指标为Ⅳ类	劣V	重度污染	TP（劣V类）0.44 mg/L
2019 年 7 月	氨氮≤3.5 mg/L、TP≤0.35 mg/L、其他指标为Ⅳ类	劣V	重度污染	TP（劣V类）0.57 mg/L

时间	断面水质目标	水质类别	水质评价	超标项目、类别、质量浓度及超标倍数
2019 年 8 月	氨氮≤3.5 mg/L、TP≤0.35 mg/L、其他指标为Ⅳ类	劣Ⅴ	重度污染	氨氮（劣Ⅴ类）3.83 mg/L
2019 年 9 月	氨氮≤3.5 mg/L、TP≤0.35 mg/L、其他指标为Ⅳ类	Ⅴ	中度污染	氨氮（劣Ⅴ类）3.83 mg/L
2019 年 10 月	氨氮≤3.5 mg/L、TP≤0.35 mg/L、其他指标为Ⅳ类	Ⅴ	中度污染	—
2019 年 11 月	Ⅴ（其中氨氮≤2.0 mg/L）	Ⅴ	中度污染	—
2019 年 12 月	Ⅴ（其中氨氮≤2.0 mg/L）	Ⅳ	轻度污染	—
2020 年 1 月	Ⅴ（其中氨氮≤2.0 mg/L）	劣Ⅴ	重度污染	氨氮（劣Ⅴ类）0.56 倍
2020 年 2 月	Ⅴ（其中氨氮≤2.0 mg/L）	Ⅳ	轻度污染	—
2020 年 3 月	氨氮、TP 为Ⅴ类标准，其他指标为Ⅳ类	Ⅴ	中度污染	COD_{Cr}（Ⅴ类）39 mg/L、0.3 倍
2020 年 4 月	氨氮、TP 为Ⅴ类标准，其他指标为Ⅳ类	Ⅴ	中度污染	COD_{Cr}（Ⅴ类）39 mg/L、0.3 倍
2020 年 5 月	氨氮、TP 为Ⅴ类标准，其他指标为Ⅳ类	Ⅳ	轻度污染	—

数据来源：十堰市环境质量月报，十堰市人民政府网站。

总体来看，经过 10 多年坚持不懈的污染整治，神定河水质在近年来有所改善，于 2019 年年底基本消除劣Ⅴ类，2020 年呈继续改善势头，但要按照国家规划要求达到《地表水环境质量标准》（GB 3838—2002）中的 III 类水质标准还任重道远，需要继续进行治污攻坚。为达到此目标，十堰市于 2014 年开始建设“神定河下游主河道水质净化工程”（一期工程规模 5 万 m^3/d）（图 5-2）。该工程是以人工快渗污水处理系统为主体工艺，将神定河部分河水截流进行水质净化，于 2018 年 5 月投入试运行，出水水质能够达到 III 类标准，可以作为神定河入库水质达标的一道屏障。

图 5-2　神定河下游主河道水质净化工程

5.2　湖泊生态修复案例：梁子湖生态修复实践

5.2.1　梁子湖简介

梁子湖是湖北省仅次于洪湖的第二大湖泊，但其蓄水量大于洪湖。梁子湖东西长 82 km、南北长 22 km，由 316 个湖汊组成，湖面 55.5 万亩，流域面积 3 260 km^2，常年平均水深 3 m，多年平均水位 18.25 m，堤内湖水滞留时间为 0.53 年。由众多子湖形成的梁子湖水系地跨东经 114°32′～114°43′、北纬 30°01′～30°16′，位于湖北省东南部、长江中游南岸，隶属长江干流汉江至鄱阳湖区间水系。梁子湖流域在武汉市江夏经济开发区境内有牛山湖、山坡湖、张桥湖、大沟湖等 20 个湖泊，在鄂州市境内有涂镇湖、月山湖、蔡家海、前海、南湖等 18 个湖泊，这些湖泊共同组成了梁子湖群。梁子湖沿湖有 30 多条支流、河港汇入，主要入湖河港为高桥河、金牛港、朝英港、徐家港、张桥港、山坡港、宁港。梁子湖水系形成的湿地也是“亚洲重要湿地”名录上保存最好的湿地保护区之一。

梁子湖流域是湖北省的粮、棉麻、油、鱼商品生产基地，在历史上就是有名的“鱼米之乡”“棉麻之乡”。

1. 湖区管理与保护区设置

梁子湖水域与武汉市江夏区、鄂州市、咸宁市接界，由梁子湖、鸭儿湖、保安湖、三山湖等湖泊组成，四周分别与武汉、咸宁、大冶等市交界。梁子湖水面按行政区域划分，西部的西梁子湖（以梁子岛附近为界）归属于武汉市江夏经济开发区，东部的东梁子湖（包括梁子岛）为鄂州市梁子湖区（含东沟镇、梁子镇、太和镇、沼山镇、涂家垴镇）。湖体水域与大冶市、咸宁市不接壤，但这两个地区有河（支）流入湖。对梁子湖的管理最早可追溯至 1956 年，由湖北省人民政府批准设立湖北省梁子湖管理局，为省政府派出机构，归口于省水产局。

以东梁子湖为核心，鄂州市人民政府于 1999 年 5 月批准设立了梁子湖区域自然湿地保护区（市级），该保护区于 2001 年经湖北省人民政府批准晋升为省级。梁子湖湿地自然保护区位于长江中游南岸、武汉市东部的鄂州市西南部，居东经 114°31′19″～114°42′52″、北纬 30°04′55″～30°20′26″，总面积为 37 946.3 hm^2，其中核心区为 4 000 hm^2、缓冲区为 12 438 hm^2、试验区为 21 508.3 hm^2。该保护区以鄂州市境内的东梁子湖为主体，包括东梁子湖（11 921 hm^2）及其周边湿地，属自然生态系统类型的内陆湿地和水域生态系统类型的自然保护区，主要保护对象是淡水湿地生态系统、珍稀水禽和淡水资源。

2. 自然资源概况

（1）水资源

梁子湖区属典型的亚热带大陆性季风气候，四季分明、光照充足、雨量充沛。该区域水资源充足，流域全区共有小（一）型水库 2 座（马龙口水库、狮子口水库），总库容为 1 675 万 m^3；小（二）型水库 15 座，总库容为 565 万 m^3，正常蓄水量为 1 600 万 m^3。作为中国第八大淡水湖，2019 年年初梁子湖区的水资源总量约为 2.1 亿 m^3，人均水资源量约为 1078.9 m^3。

（2）土地资源

梁子湖流域在综合农业区划上属于武鄂黄城郊型农业区江南岗丘地亚型，土地利用现状以农业、水产为主，流域国土面积 500 km^2，其中耕地面积为 133.02 km^2，以水田居多，面积为 92.03 km^2，旱地面积为 40.99 km^2。农业上除了传统的水稻生产，棉花、茶叶、苎麻等经济作物的发展也较快。梁子湖区乡镇土地面积统计见表 5-3。

表 5-3　鄂州市梁子湖区乡镇土地面积统计

单位：km^2

镇、区名称	行政区域面积	耕地面积	水田面积	旱地面积
梧桐湖新区	54.03	13.34	9.28	4.06
东沟镇	43.97	11.74	6.77	4.97
沼山镇	65	21.33	13.85	7.48
太和镇	79	28.36	22.28	6.08
涂家垴镇	149	50.38	36.99	13.39
梁子镇	109	7.87	2.86	5.01
梁子湖区合计	500	133.02	92.03	40.99

（3）生物资源

梁子湖具有生物多样性、遗传多样性和物种稀有性的特点，是著名的武昌鱼和湖北圆吻鲴的原产地和标本模式产地，是亚洲稀有水生植物物种蓝睡莲的唯一生存地，是我国新记录物种和国际特有新记录物种扬子狐尾藻的发现地。根据近年的科考报告，梁子湖有水生植物 92 种，隶属 35 科 62 属，其中，湿生和挺水植物 54 种、沉水植物 16 种、浮叶植物 14 种、漂浮植物 8 种。根据原国家林业局和原农业部颁布的《国家重点保护野生植物名录（第一批）》和《国家重点保护野生动物名录》，梁子湖（包括湿地）拥有国家重点保护植物 4 种，其中，Ⅰ级 1 种（莼菜）、Ⅱ级 3 种（水蕨、野菱和莲）；鸟类 137 种，其中，国家Ⅰ级保护鸟类 5 种、Ⅱ级保护鸟类 15 种、省级保护鸟类 86 种。

水产资源方面，根据中国科学院水生生物研究所的调查资料，梁子湖曾有鱼类 94 种，隶属 10 目 20 科 94 种，近年来由于江湖分隔、生态系统受到破坏等原因，梁子湖的鱼类种类明显减少。目前，梁子湖共有鱼类 50 余种，国家Ⅱ级保护鱼类 1 种（胭脂鱼），占湖北省国家重点保护鱼类总数（4 种）的 25%。此外，梁子湖水产资源种类较多，盛产螃蟹、银鱼、红尾鱼、武昌鱼、珍珠等各类水产品。

3. 湖水水质

梁子湖的生态环境状况监测是从湖泊水质开始的，由武汉市和鄂州市的环保部门开展的梁子湖水质监测已有 30 多年，综合这期间的年平均水质监测数据可以定性梁子湖的水体类别变化：

1986—2000 年，梁子湖鄂州市水域总体水质以Ⅲ类为主，江夏区水域好于鄂州市水域，为Ⅱ类；

2001—2003 年，鄂州市水域总体水质一度降为Ⅳ类，梁子岛周边、长港镇入湖处、磨刀矶局部水域水质为Ⅳ类，超标因子为 TP、TN 和高锰酸盐指数；

2003 年以后，鄂州市水域水质开始好转，2004 年出现了Ⅱ类水质，期间，鄂州市大规模拆除了湖面水产围栏养殖；

2004—2009 年，梁子湖鄂州市水域 4 个国控监测点位水质全部达标（Ⅲ类）；

2010—2014 年，梁子湖水质整体为优，仅 2010 年因汛期影响而使水生态系统受到一定程度的损害，水质略有下降（符合Ⅲ类标准、水质为良），期间，鄂州水域水质类别在Ⅱ～Ⅲ类波动，主要是由于 TP 浓度较高；

2015—2019 年，梁子湖鄂州市水域水质为良好，营养状态级别均为中营养，4 个国控监测点位水质全部符合水功能区划标准，水质功能区达标率为 100%。

总体而言，梁子湖水质较好。但鄂州市水域（东梁子湖）因沿湖地区工矿、养殖业和城镇化发展，水质较江夏区水域要差，2001—2003 年一度下降至Ⅳ类，从 2004 年开始有所好转（Ⅱ～Ⅲ类），见表 5-4。2013 年，梁子湖被列入《水质较好湖泊生态环境保护总体规划（2013—2020 年）》（环发〔2014〕138 号），这是湖北省首个被列入该规划（全国共有 365 个水质较好湖泊）的湖泊。

表 5-4　2001—2018 年梁子湖鄂州市水域水质类别统计

年份	鄂州市水域	
	规划类别	监测结果
2001	Ⅲ	Ⅳ
2002	Ⅲ	Ⅳ
2003	Ⅲ	Ⅳ

年份	鄂州市水域	
	规划类别	监测结果
2004	III	II
2005	III	II
2006	III	II
2007	III	II
2008	III	II
2009	III	II
2010	III	III
2011	III	II
2012	III	III
2013	III	III
2014	III	II
2015	III	III
2016	III	III
2017	III	III
2018	III	III

5.2.2 梁子湖的生态问题

梁子湖的生态环境状况一直被各级政府高度重视，环境监测、生态环境科研长期在此开展活动，特别是 21 世纪初东梁子湖水质出现下降后，湖北省政府及时组织各有关部门研究对策，编制出台了《梁子湖生态环境保护规划（2010—2014 年）》（鄂政办发〔2010〕95 号）。

1. 主要生态环境问题

《梁子湖生态环境保护规划（2010—2014 年）》切中要害地提出了梁

子湖的主要生态环境问题。

（1）生态系统碎片化

1949 年至今，梁子湖水面减少了近 50%，由于人为建堤围湖、分隔湖汊等活动，分隔了各个子湖与大湖、大湖与长江之间的联系，阻隔了水体之间、水体与湖周陆地的物质及物种流通，资源的分隔导致湖泊生态系统的碎片化和生态功能的减弱。

（2）植物种类构成逆向演变

梁子湖植物的物种多样性基本稳定，但浮游植物种类正从贫营养型的硅藻、甲藻向富营养型的绿藻、蓝藻转换，水葫芦、喜旱莲子草已经侵入湖泊，尤其是水葫芦已在局部水域蔓延。

（3）动物多样性有所下降

由于江湖分隔和其他人为活动的扰动，梁子湖的鱼类从 20 世纪 50 年代的 94 种降为 70 年代的 75 种、80 年代的 52 种，目前鱼类资源有所恢复。因梁子湖湿地生态条件的退化，天鹅、白鹳、黑鹳、灰鹳、大雁、白鹭等国家重点保护鸟类的数量有所减少。

2. 问题成因

《梁子湖生态环境保护规划（2010—2014 年）》指出了梁子湖生态环境问题的成因。

（1）水域生态空间萎缩

由于围湖造田等原因，梁子湖的水域面积减少了近 50%，压缩了生态空间、分割了湖-陆生态联系；湖泊 49%的水面被围网（栏）圈占，围网内水产养殖种类及放养密度大大增加，挤占了自然生态空间，降低了水域生态质量，导致水生植被的破坏和水生动物多样性的减少。

（2）陆域产污量增加

沿湖小城镇大量生活污水和有机垃圾直接排入附近河港，最终汇入梁子湖。以农业为主的湖区大量使用化肥、农药，每年在农田和鱼池退水期有大量的氮、磷入湖，严重影响了梁子湖的水质，导致其生态功能的退化，而生态退化又导致水体自净能力下降，形成了水质与生态之间的不良循环。

（3）湖泊管理亟待加强

梁子湖流域地跨四市，涉及不同行政区的众多政府部门，部门利益的不同导致政出多门、管理困难。湖北省政府于2007年重新组建了湖北省梁子湖管理局，基本理顺了梁子湖的管理体制，但设施、人员、经费等问题依然存在，综合执法手段和区域协调能力还有待加强。

5.2.3 梁子湖生态修复实践

1. 规划先行，引领生态修复

2010年9月，湖北省人民政府办公厅发布的《梁子湖生态环境保护规划（2010—2014年）》明确提出了梁子湖生态环境保护的五大任务，分别是控制污染物排放总量、防治水污染、修复生态系统、合理利用资源和建立长效保护机制。

2011年，财政部、环境保护部联合开展了全国首次湖泊生态环境保护试点，梁子湖被列为全国8个生态环境保护试点湖泊之一，在9亿元的项目资金中占1.6亿元，正式进入国家湖泊治理行列。

2012年5月，《湖北省湖泊保护条例》由湖北省第十一届人民代表大会常务委员会第三十次会议通过，自2012年10月1日起施行。

2013年4月，鄂州市政府与湖北省联合发展投资集团签署战略合作协议，计划打造梁子湖区500 km^2 国家级生态文明示范区。

2013 年 8 月，鄂州市被水利部列为全国首批“水生态文明城市建设试点”。同年 10 月，鄂州市梁子湖区被环境保护部列为“第六批全国生态文明建设试点”。

2014 年 11 月 18 日，环境保护部、国家发展改革委、财政部联合印发了《水质较好湖泊生态环境保护总体规划（2013—2020 年）》，计划对全国 365 个水质较好湖泊进行保护，项目资金主要以地方为主，中央财政资金视情况予以适当补助。梁子湖是湖北省首个被列入该规划的湖泊。

2015 年 10 月，由环境保护部环境规划院协助编制的《梁子湖（鄂州）生态文明示范区建设规划（2014—2020 年）》通过了环境保护部组织的专家评审。评审组专家认为，该规划贯彻落实了党的十八大和十八届三中全会关于生态文明建设的有关要求，提出了实行资源有偿使用制度、建立和完善生态补偿制度的决策部署，符合梁子湖生态环境保护实际，可作为梁子湖（鄂州）创建国家生态文明建设示范区的纲领性文件。

2017 年，鄂州市梁子湖区顺利通过“省级生态文明建设示范区”验收。同年，鄂州市委常委会审议并原则通过了《梁子湖湖泊治理实施纲要》，提出了梁子湖流域湖泊保护和治理的 6 个方面任务和 36 项具体措施。

2018 年，《梁子湖区水生生物保护区全面禁捕工作实施方案》正式实施，长期禁止在梁子湖水域开展生产性捕捞作业。同年，鄂州市梁子湖区获首批“湖北省生态文明建设示范区”称号。

2019 年 9 月，鄂州市制定了《创建梁子湖国家示范湖泊三年行动方案》，力争 2021 年总体水质优良、生态系统稳定。

2. 污染治理与生态修复并举

梁子湖的鄂州市湖区多年来污染较重、生态状况堪忧，是污染治理和生态修复的重点。为筹集治理资金，2013 年鄂州市政府与湖北省联合发展投资集团签署战略合作协议，计划打造梁子湖区 500 km^2 国家级生态文明示范区，鄂州市委在市委六届七次全会上作出战略部署，果断开展相关行动。

2013 年，推进梁子湖区 500 km^2 范围内全面退出一般工业，先后关停了鄂州市独峰化工有限责任公司、鄂州铸钢厂、中洋矿业有限公司等 22 家排污企业，拒绝 30 个重化工业项目入区。

2014 年 8 月，鄂州市委召开专题办公会，决定对涂镇湖实施破垸还湖及生态修复；同年 11 月，鄂州市实施涂镇湖破垸还湖及生态修复工程，部分拆除涂镇湖大堤，1988 年为围垦造田而隔断的万余亩涂镇湖重新实现了与梁子湖水系的连通。

2016 年，鄂州市在湖北省率先推行“退垸还湖、生态防汛”，对曹家湖、垱网湖等 19 个大小围垸进行平垸行洪，其中 14 处实行永久性退垸还湖，还湖面积达 6 万多亩。

同年，鄂州市从全流域视角审视梁子湖保护治理，组织编制了《梁子湖水系综合整治实施方案》，按照“湖连通、堤加固、港拓宽、排提升、水清洁”的要求，从防洪、排涝、水生态、水环境等多方面综合考虑，开展了四大工程：一是建设了第二入江通道，打通了梁子湖与鸭儿湖水系的梧桐湖、红莲湖、栈咀湖之间的通道，在薛家沟建设第二电排站，抽排湖水入江；二是实施鸭儿湖水系八湖连通工程，加强河湖之间的水利联系；三是实施洋澜湖生态补水工程，打通了梁子湖、保安湖和三山湖之间的通道，使三山湖与洋澜湖连通，并经五丈港入江；四是建设生态治理修复工程，对梁子湖流域的污水实行全收集、全处理。此外，鄂州市还开展了一系列工作，如对生态湖岸进行综合整治，建设湖滨缓冲带、生态防护林；结合退垸还湖，清理围汊投肥养殖，改善水质；设立生态浮岛，种植水生植物，等等。

2017 年年初，鄂州市在境内的梁子湖开展了全面禁捕、禁养、禁采，退出 1.2 万亩珍珠养殖，并协助养殖户谋划转产转业。同年，连续举办 17 届的鄂州市梁子湖旅游捕鱼节告停，梁子岛生态旅游度假区被严令停业整顿。

2019 年，鄂州市开展了百里长港（梁子湖入江通道）大整治，启动了长港河综合整治攻坚战，全面除险、清障、拆违，共拆除建（构）筑物 601 座，推动建设百里长港风光带。

3. 开展生态价值核算和生态补偿试点工作

2016 年，鄂州市被确定为湖北省自然资源资产负债表编制试点和领导干部自然资源离任审计试点城市，需要为全市自然资源建立生态账本，为生态资源标价，尝试建立各区之间责权一致的横向生态补偿机制。

一是开展自然资源调查与确权登记。对生态环境较好的梁子湖区的各类自然资源进行确权登记，摸清自然资源的权属、边界、面积、数量、质量等信息，建立自然资源存量及变化统计台账。

二是采用当量因子法开展生态价值核算。依据自然资源基础数据和相关补充调查数据，由华中科技大学科研人员采用当量因子法开展生态价值核算，并选择 4 种具有流动性的生态系统服务（气体调节、气候调节、净化环境、水文调节）进行生态补偿测算，分别核算各区应支付的生态补偿金额。

三是推动生态补偿和生态价值显化。2017 年，鄂州市人民政府制定了《关于建立健全生态保护补偿机制的实施意见》（鄂政办发〔2018〕1 号）等制度，在实际测算的生态服务价值基础上，先期按照 20%权重对鄂州市 3 个市辖区进行横向的生态补偿，逐年增大权重比例。对需要补偿的生态价值部分，试行阶段先由鄂州市财政给予 70%的补贴，剩余的 30%由接受生态服务区向供给区支付，再逐年降低市级补贴比例，直至完全退出。

基于生态价值核算和生态补偿试点工作，梁子湖区分别于 2017 年、2018 年、2019 年获得生态补偿款 5 031 万元、8 286 万元、10 531 万元。这些补偿款由鄂州市财政、鄂城区和华容区共同支付。

4. 通过水生植物净化水体的“梁子湖模式”

1992 年，在湖北省和鄂州市政府的大力支持下，武汉大学生命科学院的于丹教授团队在梁子湖牛沙咀小岛上开始建设野外生态站——梁子湖湖泊生态系统国家野外科学观测研究站。该站于 2005 年获批成为首批“国家野外科学观测站”，也是全国第一个以水生植物和湖泊生态保护为研究对象的野外科学观测研究站。

梁子湖湖泊生态系统国家野外科学观测研究站除了在梁子湖设置了 300 多个监测点，以针对大气环境、水生植物群落进行日常观测调查，还通过人工种植适应梁子湖环境的水生植物来净化湖泊水体，重建退化的水生植被。20 多年来，于丹教授团队在梁子湖培育种植了 20 万亩可净化水质的上百种水草。1998 年的特大洪水使梁子湖的水生植被覆盖率骤降 50%，次年春天，于丹教授团队便开展了梁子湖植被生态恢复工程建设。如今，湖内 80%的区域都生长有水生植物（挺水植物与沉水植物），梁子湖整体成为草型湖泊。鄂州市水域（东梁子湖）的湖水恢复到Ⅱ～Ⅲ类水质，其中于丹教授团队开创的“梁子湖模式”功不可没。

5.2.4 梁子湖生态修复工程成效

梁子湖特别是鄂州市水域在 2013 年以后实施的几项工程目前已见成效：一是退垸还湖工程使梁子湖面积从 271 km^2 恢复到 400 km^2，接近 20 世纪 50 年代的水域面积；二是鸭儿湖水系八湖连通工程开辟了梁子湖西翼的入江通道，对调蓄梁子湖水位、破解区域水患困局、提高湖水自净能力有重要作用；三是湖区清退重化工企业、拆围禁渔等湖内外污染源整治行动大力削减了进入水体的污染负荷；四是武汉大学于丹教授团队开创的水生植物自然净化水体的“梁子湖模式”可以通过湖内治理来恢复生态；五是开展了生态价值核算和生态补偿、推进生态价值工程试点工作，积极探索了“生态优先、绿色发展”实践路径，大力推动“退渔还湖、退田还湖”，曾严重污染梁子湖水体的珍珠养殖的退出面积达 7 000 余亩。

梁子湖的生态保护，特别是东梁子湖的生态修复成效多次得到国内外专家的好评。在 2010 年“全国重点湖泊水库生态安全调查及评估专项III期项目”中，梁子湖作为水质成功恢复的代表性湖泊被纳入该项目，并向全国进行示范推广。

5.3　流域绿色发展案例：长江大保护推动宜昌市重化工产业转型升级

5.3.1　宜昌市概况

宜昌市位于湖北省西部，地处鄂西山区与江汉平原交会过渡地带、长江中上游的接合部，有“三峡门户”和“川鄂咽喉”之称。其地理位置为东经 110°15′～112°04′、北纬 29°56′～31°34′，东西宽 174 km、南北长 180 km，国土面积为 21 084 km^2，其中，山区为 14 215 km^2、丘陵为 4 788 km^2、平原为 2 081 km^2。

1. 行政区划

宜昌市下辖夷陵区、西陵区、伍家岗区、点军区、猇亭区、宜都市、当阳市、枝江市、远安县、兴山县、秭归县、长阳土家族自治县、五峰土家族自治县 13 个县（市、区）。

2. 社会经济

宜昌市是湖北省省域副中心城市，也是长江中上游区域性中心城市，即“三峡城市群”的核心城市，在长江流域发挥着承东启西的关键作用，对于“一带一路”、中部崛起、西部大开发、三峡后续工作规划等重大战略具有重要意义。2018年年末，全市总人口统计为391.87万人，其中，农村人口271.87万人、城镇人口120万人，西陵区和夷陵区总人口突破50万人，西陵区、伍家岗区和猇亭区城镇化水平较高，当年实现地区生产总值4 046.18亿元，占湖北全省的10.32%；第一产业、第二产业、第三产业的结构比例为9.51∶52.46∶38.03，农业生产总体稳定，实现农林牧副渔业产值666.62万元，农作物种植面积51.947万 hm^2，在湖北省经济社会发展中占据重要地位。

宜都市在2019年实现地区生产总值679.24亿元，进入2020年中国县域经济百强榜（第71位）；兴山县、秭归县、长阳土家族自治县、五峰土家族自治县等经济水平仍有待提升；当阳市和枝江市以农业为主要经济来源，农作物种植面积均超过10万 hm^2。

3. 自然资源

（1）水资源

以2016年偏丰水年份的水文资料为例，宜昌市的降水量为1 407.5 mm，比上年多23.4%；地表水资源量为166.00亿 m^3，比上年多62.3%，地下水资源量为46.85亿 m^3，水资源总量为166.89亿 m^3，全市产水模数为78.2万 m^3/km^2。宜昌市的水资源分布西多东少，兴山县、远安县、五峰土家族自治县、长阳土家族自治县、秭归县、夷陵区人均水资源超过3 000 m^3，主城区宜都市、枝江市等的水资源量相对较少。宜昌市 2016 年总供水量为

16.45 亿 m^3，其中地表水源供水量为 16.04 亿 m^3、地下水源供水量为 0.41 亿 m^3；2016 年总用水量为 16.46 亿 m^3，其中生产用水为 14.39 亿 m^3、生活用水为 1.99 亿 m^3、生态用水为 0.08 亿 m^3，分别占全市总用水量的 87.4%、12.1%、0.5%。

（2）土地资源

宜昌市属人多地少的地区。全市常用耕地面积为 347.9 万 hm^2，林地为 154 万 hm^2。居民点及工矿用地面积占全域面积的 4.42%，空间布局较为完整。全市土壤由近代河流冲积物和新生代第四纪黏土沉积物形成，以水稻土、潮土、黄棕壤为主体，土层深厚肥沃，适宜多种农作物生长发育。

（3）森林与生物资源

宜昌市森林资源丰富，生物种类呈多样性，有种子植物 5 582 种，物种数量占全国种子植物的 1/7；已知陆生脊椎动物 610 种，其中国家级、省级保护动物 177 种。全市林业用地面积 2 203 万亩，占该市国土总面积的 70%，森林覆盖率（不含灌木林）达到 65.16%。全市有森林公园（包括柴埠溪大峡谷风景区、后河国家森林公园、大老岭自然保护区等）11 个，其中国家级 6 个、省级 3 个、市级 2 个，面积 75 万亩。全市建成国家级自然保护区 1 个（后河国家森林公园）、省级自然保护区 1 个（大老岭自然保护区）、省级自然保护小区 34 个、市级自然保护小区 3 个、市级湿地自然保护区 13 个，保护面积 273 万亩，占全市森林面积的 16%。

（4）矿产资源

宜昌市的矿产资源丰富，迄今为止已发现矿产 10 类 88 种，其中已开发利用的矿种有 45 种，除磷矿外，主要有铁、钒、石膏、银、水泥用灰岩、煤、冶金白云岩、熔剂用灰岩、硫铁矿、含钾页岩等。宜昌市的磷矿资源在全国占据重要地位，是长江流域最大的磷矿基地，主要分布在夷陵区、远安县和兴山县三县（区）交界处，资源储量较大，分布相对集中。

4. 河湖水系

宜昌市属长江流域，是举世瞩目的三峡大坝所在地，长江干流横贯市域，长 237 km。宜昌市以长江干流为主脉，河流多、密度大、水系发达、水量丰富，10 km 以上的河流有 99 条，河流集水面积大于 1 000 km^2、长度大于 100 km 以上的河流有清江、沮漳河、黄柏河、渔洋河等，河网密度为 0.24 km/km^2。

宜昌市被纳入湖北省第一批和第二批湖泊保护名录的湖泊共有 11 个，集中分布在东部平原地区，其中，水面面积 1 km^2 以上的湖泊有 4 个，即位于枝江市问安镇、七星台镇的陶家湖，位于枝江市马家店街道、问安镇、仙女镇的东湖，位于枝江市问安镇的太平湖，位于枝江市马家店街道、问安镇的刘家湖；水面面积 1 km^2 以下的湖泊有 7 个。

5.3.2 宜昌市启动长江大保护行动

2016 年 1 月，习近平总书记在重庆市召开推动长江经济带发展座谈会时作出重要指示："当前和今后相当长一个时期，要把修复长江生态环境摆在压倒性位置，共抓大保护，不搞大开发。"宜昌市是长江从上游到中游的沿江重要城市，又临三峡水库，承担着保护修复长江生态、保护长江水质的重责。

1. 解决产业结构和生态环境问题迫在眉睫

宜昌市的产业结构和生态环境等方面存在诸多问题，与其承担的保护长江的重责极不适应，迫切需要解决。

（1）"三磷"企业污染问题突出

磷化工、煤化工、盐化工等重化工产业长期以来一直是宜昌市的支柱产业，尤其是磷矿作为主要资源多年来已建成较完整的磷化工产业链。根据近年来的调查，湖北省的“三磷”（磷矿、磷化工企业、磷石膏库）企业共有 210 家，其中宜昌市就占了 72 家，与荆门市并列全省第一。“三磷”企业的环境污染重问题突出，环境污染事故频发，黄磷生产和磷肥生产排放出的含氟废气和含磷废水以及磷酸生产中用硫酸处理磷矿时产生的固体废渣——磷石膏的生态环境问题尤为严重。此外，“三磷”企业在长江干流、支流密集分布，宜昌市的许多磷石膏固体废物存放库均沿江、沿河分布，从而对长江构成严重威胁。近年来，TP 成为长江的主要污染物，污染问题突出，生态环境部将长江“三磷”企业的排查整治作为长江减“磷”的攻坚内容。

（2）江河生态环境问题突出

“三磷”等化工企业沿长江干流、支流聚集，有大量非法码头侵占、破坏长江自然岸线，沿江的排污口存在城镇污水和工业废水大量排放、农业面源污染等问题，尤其是磷污染问题突出。根据 2013—2017 年长江干流宜昌段水质环境监测数据，干流沿程断面 TP 浓度升高。按月度评价，云池断面 2013 年 4 月、5 月为Ⅳ类，砖瓦厂断面 2013 年 3 月为Ⅳ类、5 月为Ⅴ类，2014 年 3 月为Ⅳ类。

水生态保护方面，一是经检查，长江湖北宜昌中华鲟自然保护区内有 108 个非法码头，其中 61 个位于核心区和缓冲区内；二是宜昌市境内长江支流密集建设引水式水电站，建设方有相当一部分不设生态流量泄放孔，已建的多为出力发电，且不落实生态流量泄放措施，造成河道断流，破坏了鱼类等水生生物的生境。

（3）环境基础设施不足

在环境基础设施方面，在三峡工程建设期间，宜昌市的库区周边由国家投资建设了一批城镇污水处理厂与垃圾填埋场，但库区外的环境基础设施建设不足，而且已建的污水处理厂的配套设施也存在不少问题，如污水收集管网不健全、雨污混流、进水浓度偏低、已建设施运行效率低等。工业污染方面，主要分布在枝江市、猇亭区和夷陵区的化学原料和化学制品企业、造纸和纸制品企业、食品发酵企业等均是废水排放大户。从整体情况来看，化工等行业废水处理难度大，相关企业的废水处理能力普遍较弱，未经处理直排或超标排放长江的现象较为严重。沿江而建的化工企业污染事故率高，环境风险防控任务艰巨。

2．严格法规政策，规划引领绿色发展

宜昌市委、市政府努力贯彻长江大保护战略，2016 年以来制定了一系列法规、条例整治长江干流、支流环境，推进化工产业专项整治和绿色转型。

2016 年，按照湖北省委办公厅、省政府办公厅《关于迅速开展湖北长江经济带沿江重化工及造纸行业企业专项集中整治行动的通知》（鄂办文〔2016〕34 号）要求，宜昌市委、市政府先后 3 次召开专题会议，研究部署宜昌市沿江重化工及造纸行业企业专项集中整治工作；市政府主要领导带领相关部门主要负责人分赴湖北省发改委、省经信委和省环保厅汇报相关情况，并结合宜昌市实际主动加压，将整治对象由重化工行业企业扩展至所有化工行业企业，把整治范围由长江及其主要支流［清江、黄柏河、香溪河、沮漳河（含沮河、漳河）、玛瑙河、渔洋河］延伸至距岸线 1 km 及 1～15 km 范围内。

同年，宜昌市人民政府还发布了《关于印发黄柏河东支流域水环境综合治理实施方案（2016—2020 年）的通知》（宜府办文〔2016〕49 号）与《关于进一步做好全市长江干线及支流码头治理规范提升工作的通知》（宜府办发〔2016〕96 号）等重要文件。

2017 年，宜昌市人民政府办公室先后发布了《关于印发宜昌市生态建设与环境保护“十三五”专项规划的通知》（宜府办发〔2017〕28 号）、《关于印发长江大保护宜昌实施方案的通知》（宜府发〔2017〕27 号）、《关于印发黄柏河东支流域生态补偿方案（试行）的通知》（宜府办发〔2017〕89 号）等文件；湖北省第十二届人民代表大会常务委员会第三十一次会议批准了《宜昌市黄柏河流域保护条例》。

在化工产业整治方面，宜昌市人民政府出台了《关于印发宜昌化工产业专项整治及转型升级三年行动方案的通知》（宜府办发〔2017〕72 号）、《关于印发宜昌市磷产业发展总体规划（2017—2025 年）的通知》（宜府办发〔2017〕73 号）等重要文件。

2018 年，宜昌市人民政府发布了《关于印发长江宜昌段生态环境修复及绿色发展规划（简本）的通知》（宜府发〔2018〕3 号）、《关于印发宜昌长江大保护十大标志性战役相关工作方案的通知》（宜府发〔2018〕17 号），进一步落实长江大保护行动。

在产业转型方面，宜昌市人民政府先后发布了《关于印发宜昌市加快新旧动能转换实施方案的通知》（宜府发〔2018〕21 号）、《关于印发宜昌长江经济带绿色发展十大战略性举措分工方案的通知》（宜府发〔2018〕22 号）等文件，组织编制了化工业绿色发展规划——《宜昌市化工产业绿色发展规划（2017—2025 年）》（宜府办发〔2018〕3 号），制定了磷化工行业整治的具体措施——《宜昌市化工产业项目入园指南》（宜府办发〔2018〕6 号）、《宜昌市化工企业搬迁入园配套政策》（宜府办发〔2018〕31 号）、《宜昌市磷石膏综合利用三年行动计划（2018—2020 年）》（宜府办发〔2018〕39 号）、《关于促进磷石膏综合利用的意见》（宜府办发〔2018〕40 号）等。

5.3.3 化工产业整治的政策与举措

宜昌市作为维护长江流域水环境安全、承担流域环境调节功能的重要枢纽，在实施长江大保护战略中，化工行业污染攻坚是其首要任务。行业转型升级必须摒弃传统粗放式的惯性发展模式，拿出壮士断腕的决心，承担起短期经济增长放缓的巨大压力。宜昌市委、市政府为此出台了一系列政策措施。

1. 精准分类施策

宜昌市自 2017 年启动化工产业整治以来，一方面，严格政策，沿长江（干流、支流）1 km 内禁止新建化工项目和化工产业园区，一律禁止在园区外新建化工项目。另一方面，在枝江市、宜都市进行分类施策，对于 2 个“优化提升区”，按循环化工园区的标准提档升级，制定高标准项目准入条件，严格项目入园评审；对于 5 个“控制发展区”，优化产能配置，控制排放总量，推进产品及工艺转型升级；对于 5 个“整治关停区”，依法推进化工企业转产或搬离；对于其他区域，一律禁止发展化工项目。对不符合规划、区划要求，通过改造仍不能达到安全、环保要求的 34 家企业，实施关停退出；对已在合规化工园区内，经评估认定通过改造能够达到安全、环保标准的 57 家企业，实施全面改造升级；对不在合规化工园区内，安全、环保风险较低，经评估认定能够改造达标的 36 家企业，按照准入条件搬迁到枝江市、宜都市的化工园区，绝不搞物理空间上的简单迁移；对不再从事化工产品生产的 7 家企业，根据企业意愿实行转产。

2. 加强政策配套，支持企业转型升级

一是开展了化工安全环保专项整治行动，凡是不符合安全环保条件、

存在环境污染风险的化工企业必须改造达标；通过改造仍不能达标的，一律限期关闭退出或转产；园区外的危险化学品生产企业的安全生产许可证到期后，一律不再受理延期申请。二是以严格监管倒逼产业转型升级，2018 年制定了《宜昌市化工产业项目入园指南》，严格项目准入条件，提高产业发展水平；出台了入园配套政策，以政策资金扶持、引导企业搬迁，设立 1 亿元工业技改专项补助资金，优先支持化工企业技改升级；设立 2 000 万元磷石膏综合利用专项补助资金，推进磷石膏综合利用。三是从污染物排放总量指标调剂、强化用地保障、用能权有偿使用、专项资金支持等方面制定扶持政策，从 2018 年起 3 年内共安排 5 亿元专项资金，以贷款贴息补助及奖励等方式支持化工企业搬迁入园项目建设，并且设立了 10 亿元绿色化工产业发展基金。2019 年，宜昌市财政局重点推动了市级“两个 10 亿元”项目——10 亿元融资担保资金与 10 亿元民营及小微企业票据贴现资金。

3. 创新资金筹措机制

在促进化工产业转型升级、坚持市场化运作方面，宜昌市先后与国家开发银行湖北分行、中国化学工程集团、三峡集团等企业开展战略合作，共同推进宜昌市化工产业转型升级，并设立了 10 亿元绿色化工产业发展基金，支持化工产业转型升级重点项目建设。此外，宜昌市还积极支持符合条件的企业发行企业债、公司债、中期票据和短期融资券。2018 年 8 月，国家发展改革委通过联审会同意宜都市国通公司发行园区基础设施建设绿色债券 15 亿元；12 月，在宜昌市委、市政府的大力支持和亲力推动下，宜昌高新产业投资控股集团有限公司全资子公司——宜昌高新投资开发有限公司一次性完成长江大保护绿色债券 30 亿元的发行。

4. 实施化工产业转型升级行动计划

宜昌市从2017年开始实施沿江1 km内化工企业“清零”，在3年内“关改搬转”134家化工企业——关停34家，就地改造57家，搬迁入园36家，转产7家；同时，将现有12个化工园区进行搬迁整合，打造了枝江经济开发区姚家港化工园和宜都化工园2个一流的化工园区。

化工产业转型升级行动中有一系列难题亟待解决：①企业搬迁成本高，资金压力大；②人员安置任务重；③企业债务风险比较高；④土地污染整治难度较大；⑤部分企业分类施策方案亟须调整。据调查，134家化工企业的“关改搬转”涉及资产1 284.16亿元、职工5.25万人。据统计，开展“清零行动”的2017年前11个月，宜昌市地方财政总收入下降了8%，固定资产投资和地方财政总收入下降超过10%；总投资额达234.34亿元的化工、建材、火电等项目由于存在高耗能、高污染而被拒。

5.3.4 落实责任制，监管水环境整治

1. 推进河湖管护责任制

2019年，宜昌市全境183条河流和11个湖泊全部实现了四级河湖长制全覆盖，并建立了河湖警长制和市级督导员制度。河湖长施行责任制，落实情况被纳入市、县两级党政综合目标考核中，各地也将河湖管护责任细化到项目、明确到具体时间节点，层层传导压力，严格奖惩兑现。责任制落实后，加强了水质监测，将重点河流的跨界监测断面由33个增加到52个，监测结果实行月度通报、季度分析，湖泊水质监测频次也由半年一次加密到每月一次。2018年，全市2 451名河湖长通过全线巡查、暗访督察等形式，巡查河湖6.7万次，其中市级河长巡河55次，委托联系单位巡河

178 次，发现和交办问题 95 项。远安县发挥群众力量，招募了 10 余位“民间河长”义务巡查，第一时间发现问题、通报监督、落实整改。夷陵区根据流域、企业等分布情况，探索建立“企业河长制”，鼓励、督促沿河企业主动承担环境责任。

2. 打响长江大保护十大标志性战役

2018 年，湖北省政府印发了《沿江化工企业关改搬转等湖北长江大保护十大标志性战役相关工作方案》，宜昌市政府严格贯彻落实并设立了长江大保护十大标志性战役指挥部，由市领导任指挥长。在大力开展沿江化工企业“关改搬转”的同时，进行非法码头专项整治、非法河道采砂整治、城市黑臭水体整治、农业面源污染整治等长江大保护十大标志性战役。为打好该战役，宜昌市政府制定了《宜昌市城区黑臭水体治理攻坚战实施方案》《宜昌市农业面源污染整治工作方案》《宜昌市治理长江干线及支流非法码头工作实施方案》等 15 项具体方案，由工作专班具体落实。

5.3.5 化工专项整治，绿色发展见成效

在 2016 年习近平总书记就长江生态环境作出“共抓大保护，不搞大开发”重要指示后，湖北省委、省政府及时提出长江经济带绿色发展十大战略性举措，开展了长江大保护十大标志性战役等系列行动。宜昌市努力贯彻、践行长江生态大保护和生态修复的新探索，启动了集生态综合守护、生态产业发展、生态公民建设为一体的长江生态治理“宜昌试验”，倒逼产业转型升级，推动宜昌市绿色发展、高质量发展，并取得了积极进展。

习近平总书记对宜昌市已作出的成绩给予了充分肯定。2018 年 4 月 26 日，他在武汉市召开的深入推动长江经济带发展座谈会上指出：2016 年以来，湖北省宜昌市意识到“化工围江”对制约城市发展的严重性，下定决

心，制定化工污染整治工作方案，一手抓淘汰落后产能和化解化工过剩产能，推进沿江 134 家化工企业“关改搬转”，防范化工污染风险；另一手利用旧动能腾退出的新空间培育精细化工产能，引导化工产业向高端发展，经济发展呈现出新面貌。

盘点宜昌市的化工专项整治、绿色发展成果，可以具体归纳为以下几个方面：

1. 化工行业整治转型升级稳步推进

宜昌市启动了长江沿线 1 km 内 134 家化工企业“清零行动”（图 5-3），首批依法关停企业 25 家。位于宜都市的湖北香溪化工有限公司在长江 1 km 红线范围内，成为沿江化工产业转型升级行动的“第一拆”，近 600 名员工全部通过转岗培训在楚星化工园区实现转岗再就业。2018 年，宜昌市又关停企业 5 家、改造升级 17 家、搬迁入园 2 家、转产 3 家。投资 100 亿元的湖北三宁化工股份有限公司（以下简称三宁化工）的搬迁转型项目在姚

图 5-3 宜昌市猇亭区沿江化工拆除现场

家港化工园开工，该项目将使三宁化工在升级合成氨、尿素工艺装备的同时，联产乙二醇产品，实现转型升级。兴发集团宜昌新材料产业园内，有机硅技术改造升级、氯乙酸醋酐催化连续法技术改造等一批转型升级项目已经开工，项目建成后可大幅减少废气、废水和粉尘排放。

截至 2019 年年底，宜昌市计划关停的 34 家企业已全部关停，新增关停 4 家，累计关停达到 38 家；计划就地改造的 57 家企业中，除 2 家调整为关停外，52 家完成技改项目 59 个，3 家正在实施技改项目；计划搬迁入化工园的 36 家企业中，除 2 家调整为关停外，已完成搬迁项目开工建设的有 18 家；计划转产的 7 家企业已全部转产为非化工项目，国家级工业园区整治任务完成率达 100%。

2. 行业转型升级后经济恢复性增长

化工企业“清零行动”引起阵痛。2017 年，宜昌市经济增速从 2016 年的 8.8%跌至 2.4%，在湖北省 17 个市（州）中排名垫底。但宜昌市政府顶住压力，坚持磷化工企业的转型升级，磷铵年产量严格控制在 600 万 t 以内，精细化工占化工产业的比重由 2016 年的 13.2%提高到 35%。2018 年，宜昌市主要经济指标低开高走、全面回升，多项指标达到或超过全省平均水平，完成情况好于预期，扭转了增速下滑的阶段性被动局面，生产总值达到 4 039.29 亿元，化工产业产值占工业的比重由 2016 年的 33%下降至 18%，化工企业不断转型，精细化工占比提高，新兴产业占比达 38.1%，较 2017 年增长 7.7%。2019 年，随着外部环境的深刻变化、经济下行压力的持续加大，宜昌市有效应对挑战，全市实现生产总值 4 460.82 亿元，比上年增长 8.1%。

化工产业园的建立推动企业扩规升级。宜昌市搬迁入园的第一家投产企业——宜昌聚龙环保科技有限公司的产能扩大了 7 倍，产品种类翻了 3 番，跻身全省最大的水处理剂生产企业行列。湖北兴发化工集团股份有限公司抢抓机遇，投资 20 亿元围绕高技术、高效益、低排放、低污染的微电子和有机硅新材料等项目进行布局，成功开发了草甘膦原药、制剂、水剂等系列产品，自主开发和掌握了有机硅生产核心技术，工艺控制和成本消耗达到国内领先水平。目前，宜昌市生物医药、电子信息、新材料、装备制造等新兴产业产值已占工业总产值的 37%。全市工业技改占工业投资的比重从 2017 年的 21.8%上升到 2019 年的 67%。2019 年 1—10 月，宜昌市规模以上化工企业有 80 家，完成工业总产值 625.04 亿元，比上年同期增长 11.9%，累计完成技改投资总量跃升全省首位。同年，宜昌市绿色发展指数位居湖北省第一，城市竞争力随之提升，已跃居全国第 40 位、长江沿线同等城市第 3 位，上榜中国地级市品牌百强，名列第 15 位。总体来说，宜昌市挺住了转型阵痛，实现了经济全面恢复性增长，发展呈现结构趋优、质量趋优、服务趋优、环境趋优的良好态势。

宜昌市化工行业转型升级前后经济增长变化情况见图 5-4。

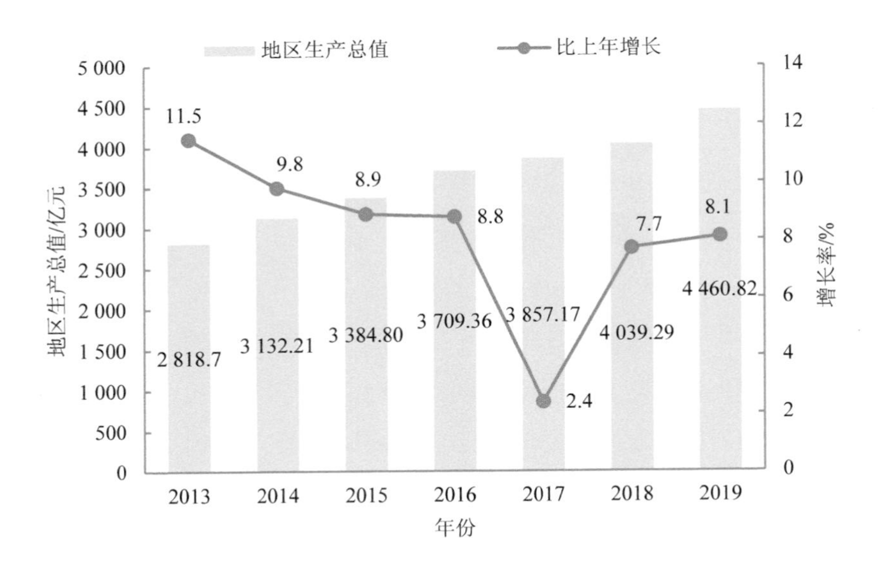

图 5-4 2013—2019 年宜昌市生产总值及增长速度

3. “关改搬转”环保先行

配合化工企业“关改搬转”，宜昌市政府严格环保要求并提供必要服务：集资 12 亿元推进北控城市资源集团有限公司在宜昌建设全省最大的危险废物处理中心（姚家港化工园发展循环经济、绿色发展的配套项目），专门服务于园区工业废物、危险废物的资源化和无害化处理。同时，华能环保有限公司、湖北兴兴环保科技有限公司等一批环保企业陆续动工，为化工企业搬迁入园建设环保设施。目前，3 个省级以上的工业园区全部建成了集中式污水处理设施，在线监控设施安装率达 100%、联网率达 100%。2018 年，宜昌市首个污染土地修复项目——宜昌田田化工有限责任公司遗留工业污染场地修复项目启动。施工单位根据土壤污染程度采取原地异位固定稳定化、水泥窑焚烧协同等不同处置方式进行修复，每天有 600 m^3 左右的污染土壤重新恢复生机。

4. 生态环境质量持续向好

2020 年 5 月的环境监测数据显示，宜昌市纳入国家、省《水污染防治行动计划》（“水十条”）考核的 9 个地表水断面水质达标率、优良率均为 100%，其中长江干流 3 个国控考核断面水质首次全部达到Ⅱ类；纳入湖北省跨界考核的 7 个断面水质综合达标率为 100%；县级以上集中式饮用水水源地水质达标率为 100%；城区 11 条、187 km 不达标水体已基本消除。2018 年，宜昌市区空气中的可吸入颗粒物（PM_{10}）、细颗粒物（$PM_{2.5}$）浓度分别下降 9.3%、6.5%，大气质量得到改善。

流域治理成果显著。2018 年 2 月，《宜昌市黄柏河流域保护条例》正式施行。宜昌市成立了黄柏河流域水资源保护综合执法局，以地方立法、综合执法、水质约法为核心的河湖治理长效机制得以确立。宜昌市委、市政府还在黄柏河流域建立了生态补偿机制，并将黄柏河流域综合治理经验在湖北省进行推广。宜昌市创新黄柏河流域综合治理体系获得第二届“湖北改革奖”。

在城镇环保基础设施建设方面，截至 2019 年年底，宜昌市已建设 51 套乡镇污水处理设施，厂站、主管网全面建成，所有污水处理厂进入试运行。宜昌市城区及各县（市）城区生活垃圾无害化处理率达 100%，农村垃圾无害化处理率达 91.56%，存量垃圾全部清零，全市城乡生活垃圾分类到 2020 年实现全覆盖。到 2020 年年底，宜昌市建成区基本消除了黑臭水体，枝江市开展了“清三河”行动，努力实现“水下无淤积、水中无障碍、水面无漂浮物、水边无垃圾、岸上有绿化”。

2017 年，宜昌市长江干流沿线的县（市、区）开始进行长江岸线整治，截至 2019 年已取缔非法码头 200 多个，腾退长江干流岸线 78 km，复绿面积 39 043 亩。在沿岸实施生态复绿显著改善了长江沿线的森林景观和生态功能，提升了长江经济带绿色生态廊道的建设水平。宜昌市列入国家试点的“湖北三峡地区山水林田湖草生态保护修复工程”到 2020 年 5 月在市城区、巴东县的 57 个项目已全部开工。

总之，宜昌市对落后产能进行全面转型升级，加快破解生态环境修复治理难题，走出了一条特色鲜明的绿色发展之路，为长江经济带绿色发展探索了新模式和新路径。

5.4 流域水环境管理案例：通顺河流域污染综合治理

5.4.1 流域概况及污染问题概述

1. 流域概况

通顺河是汉江的分流河道，上起汉江右岸潜江市泽口闸、下经武汉市黄陵矶闸汇入长江，流经潜江市、仙桃市、武汉市蔡甸区和汉南区，全长 195 km，为长江的一级支流，也是江汉平原腹地的重要河流，具有农业灌溉用水、城乡供水及涝水外排的功能。通顺河流域面积为 3 266 km^2，其中在潜江市的面积为 74.48 km^2，在仙桃市的面积为 2 306.15 km^2，在武汉市汉南、蔡甸两区的面积为 885.37 km^2；潜江市、仙桃市、武汉市两区分别占流域面积的 2.3%、70.6%、27.1%。通顺河流域潜江段位于潜江市东北角，主要涉及潜江经济开发区竹根滩镇，流域面积占潜江市国土面积的 3.7%。仙桃市除东南部有约 232 km^2 属于东荆河流域外，其他 90.9%的国土面积均属于通顺河流域。通顺河流域武汉段主要位于武汉市西南部的杜家台分蓄洪区，涉及蔡甸区和汉南区（武汉经济技术开发区），流域面积占武汉市国土面积的 10.3%。

2. 通顺河水体污染问题

2011—2016 年的环境监测数据显示，通顺河水质多年为Ⅴ类或劣Ⅴ类，入江（长江）断面水质为Ⅴ类，整个水体污染状况严重，已沦为黑臭水体。其原因是多方面的，除了河流沿线工业、农业、生活污水处理不到位等客观原因，水质长期得不到改善的根本原因是通顺河流域的条块分割问题和严重的地方保护主义，主要表现在仙桃市为保护农业生产，逢上游水质变差即选择关闭深江闸，从汉江引水。深江闸的关闭使活水变为死水，造成潜江市境内水质恶化，直接影响其支柱产业的正常运转和沿线居民的正常生产生活。武汉市作为下游城市，要为上游造成的污染埋单，早年蔡甸区投入大量资金为通顺河构建起生态屏障，但依旧难以从根本上扭转通顺河水质变差的趋势。这一系列原因导致通顺河污染治理在过去不仅始终没有起色，还导致位于通顺河上游的潜江市及仙桃市的人民和相关管理部门之间的积怨与矛盾日益突出、尖锐。

2016 年，在中央第三环境保护督察组向湖北省反馈的督察意见中，重点提到了通顺河跨界污染的问题，明确指出通顺河流经潜江、仙桃两市，上游潜江段因大量工业废水和生活污水直排导致河水污染严重，仙桃市闸断河道以阻断上游污水，造成潜江段污水长期积存。针对督察意见，湖北省迅速对通顺河跨界污染问题进行整改：将通顺河列为首批跨界河流水环境综合整治对象，湖北省环保厅会同湖北省水利厅编制了《通顺河流域水环境综合整治方案》，并出台了一系列跨行政区水环境管理措施；全面实施河长制，由曹广晶副省长任通顺河河长；进一步明确了潜江、仙桃、武汉三市相关领导和部门的职能分工与监管责任；启动联席会议制度，定期召集三地政府协调解决各类问题和矛盾，全力推动通顺河流域跨行政区水环境管理问题的解决；开启包括闸段调度、水质调度等一系列联动机制；在严格跨界断面水质考核、奖惩和监督检查措施的基础上，推进一批重点项目工程的落地。

湖北省政府高度重视通顺河流域的水环境问题，随着上下游城市齐心协力、共抓共治，通顺河流域的水环境质量与综合管理水平得到全面提高。2018 年 7 月 27 日，湖北省环保厅的数据显示，1—6 月通顺河潜江、仙桃、武汉三大断面水质全部达到当年湖北省确定的考核指标——Ⅳ类标准，达标率为 100%。通顺河流域跨行政区水环境管理的成功经验为湖北省探索跨界河流水环境管理起到了良好的示范作用。

5.4.2 流域水环境管理实践

多年来，通顺河流域上下游各行政区的权利、义务不清晰，各行政区水行政部门的相互沟通机制也不顺畅，跨界水质标准的制定机制、跨行政区的数据共享机制、污染事故的应急预警机制、流域上下游生态补偿机制等也十分缺乏，这些都给通顺河流域开展生态环境综合整治、保障流域生态基流和饮用水安全带来了困难。认识到通顺河流域水环境管理存在的问题后，在原湖北省环保厅的主导与推动下，湖北省积极采取相关水环境管理措施，进一步明确了通顺河相关水质水量调度部门的职能分工与监管责任，建立和完善了流域各行政区之间、各水行政部门之间的联络与协调机制，加强了利益相关方的参与力度，使相关部门和地方政府在通顺河流域水环境综合管理中能够各尽其职、高效协作，全面提高了通顺河流域水环境综合管理的水平。

1. 明晰相关部门与地方政府的职责

2017 年 6 月，湖北省政府印发了《关于加快通顺河流域水污染防治工作的函》，明确了重点任务和分年度水质目标，督促指导武汉市、仙桃市、潜江市制定并完成辖区通顺河治理达标方案。同年 12 月，湖北省人民政府办公厅印发了《关于批准通顺河流域水环境综合整治方案的通知》（鄂政办函〔2017〕96 号），强调武汉市、仙桃市、潜江市政府是《通顺河流域水环境综合整治方案》的实施主体，对本行政区域内的通顺河水环境质量负总责，要严格落实环境保护“党政同责、一岗双责”的制度，按照全域治理、分段负责的原则，坚持“水岸一体、上下游一体、防汛抗旱与环境保护一体、近期与长远一体”的要求，切实采取有效措施，加大水环境综合整治力度，严格截污控污，强化污染治理，加强环境监管。湖北省环保厅、住建厅、水利厅会同武汉市、仙桃市、潜江市政府建立上下游、跨部门的联动协调机制。湖北省环保厅牵头负责进一步完善跨界断面水质考核机制，加大水质监测力度，每月向社会公布跨界断面水质监测信息，强化流域环境执法监管，严厉打击环境违法行为；湖北省住建厅牵头负责推进流域内城镇生活污水处理设施提标改造，指导和督促地方按期消除城市黑臭水体；湖北省水利厅和省环保厅双牵头负责建立水资源协调管理机制，进一步细化落实通顺河流域水资源调度管理方案，做到防洪、灌溉和生态保护相结合，加强江河沿线泵站、涵闸工程调度，合理安排闸坝下泄水量和泄流时段，保证通顺河足够的生态基流。

2. 建立流域统筹治理模式

江苏省无锡市在治理太湖蓝藻污染的实践中首创了由各级党政主要负责人担任河长的水环境治理模式，该模式通过明确行政主要负责人对河湖的污染治理责任，充分发挥了地方政府的主体作用，取得了良好的实践效果。在江苏、云南、山东、浙江等省推广实践和经验总结的基础上，2016年12月中共中央办公厅、国务院办公厅印发了《关于全面推行河长制的意见》（厅字〔2016〕42号），要求全面推行，各地区、各部门要结合实际、因地制宜、贯彻落实，河长制的流域统筹治理模式正式在全国推广应用。在此背景下，湖北省也开始全面推行各级党政主要负责人担任河长的流域统筹治理模式。

（1）省级层面

2016年1月10日，湖北省人民政府印发了《湖北省水污染防治行动计划工作方案》，要求“到2020年，全省地表水水质优良（达到或优于Ⅲ类）比例总体达到 88.6%，丧失使用功能（劣于Ⅴ类）的水体断面比例控制在6.1%以内”。就通顺河流域当时的水质状况而言，无疑对全省水污染防治行动计划工作的圆满完成产生了很大的阻碍。2017年1月21日，湖北省委办公厅、省政府办公厅印发了《湖北省关于全面推行河湖长制的实施意见》，明确了省政府副省长曹广晶为通顺河河长，武汉市、仙桃市、潜江市政府负责同志为分段河长，建立了通顺河四级河湖长体系。通顺河流域相关河长的确定为贯彻落实《湖北省水污染防治行动计划工作方案》的要求、切实有效改善通顺河流域水环境质量、确保按期完成通顺河流域水环境质量目标任务奠定了坚实的基础。此后，曹广晶副省长先后多次对通顺河流域进行现场调研，并主持召开专题会议，部署安排通顺河流域水环境管理工作，有力地推进了《通顺河水污染综合整治工作方案》和《通顺河流域水环境综合整治水资源调度方案》的出台。

（2）地市层面

潜江市委、市政府印发了《关于建立河湖长制加快水生态文明建设的实施意见》，在市级、镇级、村级重点河渠分级确定河长。市委书记黄剑雄、市长龚定荣先后多次深入通顺河潜江段进行调研，要求全面推进通顺河潜江段河长制。

仙桃市委、市政府办公室印发了《湖北省关于全面推行河湖长制的实施意见》。市委书记胡玖明、市长周文霞多次召开专题会，部署推动通顺河流域河长制。

武汉市根据《湖北省关于全面推行河湖长制的实施意见》，建成了市、区、街道（乡镇）三级河长制责任体系，覆盖全市范围内包括通顺河在内的流域面积 50 km^2 以上的 58 条河流。

通顺河流域内各级党委、政府及相关部门各负其责、通力协作、上下联动，潜江、仙桃、武汉三地政府将流域治理目标、主要工作任务分段纳入各级河长政绩考核，并向社会公布考核结果。通顺河流域主要河流河长制责任分工见表 5-5。

表 5-5　通顺河流域主要河流河长制责任分工

行政区域	河流名称	起止地点	长度/km	第一河长	责任部门	主要职责
潜江市	汉南河	泽口闸—深江闸	16.6	董方平	市环保局	①做好河长制宣传工作（含公示牌）； ②建立河道长效管理机制，做到一河一策； ③完成河道确权划界办证工作； ④做好河道管理范围内的销账除杂工作，堤防完好，无乱搭、乱建、乱占、乱垦现象； ⑤做好河道管理范围内的保洁工作，河面无白色垃圾、无水花生等杂草，沿河迎水面无生活、建筑垃圾等杂物； ⑥做好河道管理范围内的水污染防治工作，河流水质逐年改善；
仙桃市	城南河	九合垸徐岭泵站—陈场镇新沟泵站	5.3	周谊群	市文广新局、市农业银行	
	排湖泵站电排河	胡场郭兴口闸—干河欧湾闸	15.68	李启斌	市发改委、市人社局	
	杨林尾泵站电排河	大岭闸—杨林尾泵站	9.63	吴晓军	市纪委、监察局、市水务局	
	通顺河	袁家口闸—纯良岭闸	61.6	严启方	市财政局、市国土局、市城投公司、市总工会、团市委、市信访局、市审计局	
	洛江河城区段	尹台闸（飞跃闸）—铁匠湾万江闸	5.8	郭生元	市政法委、市住建委	
	窑河	徐台泵站—大兴闸	16.2	余文华	市经信委、市工商局、市招商局、市民族宗教事务局	

行政区域	河流名称	起止地点	长度/km	第一河长	责任部门	主要职责
仙桃市	沙湖泵站电排河	西流河镇义礼村—沙湖镇芦苇场	28	傅志阳	市武装部、市处事侨务旅游局	⑦河道管理范围内的绿化面积绿化率达到90%；⑧达到“水清、水动、河畅、岸绿、景美”的管理目标
	皇河	剅河镇李尧村—新里仁口居委会	44	印家利	市宣传部、市编办、市房产局、市城管委、市科协	
	长港河	长埫口镇太洪村—周帮泵站	14.3	印家利	市宣传部、省新华书店仙桃分公司	
	老襄河	长埫口镇鄢湾高闸—四河闸	22.4	印家利	市宣传部、省广电网络仙桃分公司	
	姚林河	杨林尾镇车墩村一组—潘口闸	12.2	郑章均	市住房公积金管理局	
	通顺河分流河	汤台—大垸子闸下 800 m	8.85	白超	市组织部、职业学院	
	友谊渠	龙华山陈帮村一组—吕湾渔场	4.6	刘玲霞	市组织部、职业学院	
	通北河	群力闸—金鱼闸站	37.2	肖俊	市统计局、《仙桃日报》社	
	排南河	通海口镇采桑老泵站—郭岭	8.3	丁克勤	市烟草专卖局、市地税局、市国税局、市财金办	
	西流河	西流河镇塘湾北闸—五只窑闸	24.4	刘惠民	市财政局、市民政局、市质监局	

行政区域	河流名称	起止地点	长度/km	第一河长	责任部门	主要职责
仙桃市	红旗垸中心沟	彭场镇新建村—沙湖镇周湖村	15.4	肖家邦	市公共资源交易管理办公室	—
	黄丝河（洪道河）	洪道南闸—窑台河	23.62	曾伟昕	市民政局、市安全生产监督管理局	
	展翅长河	长埫口镇陈桥刘云潭—三合垸闸	21.6	郑伟	市教育局、市场经营管理局、市邮政局	
	通州河（南干渠）	深江口新闸—解家口闸	81.9	李少云	市委农办、市残联、市农业局、市水务局、市环保局、市国土局、市林业局、市水产局、市气象局	
	纳河	彭场夏新村—沙湖镇磨盘村	30.5	王海军	市法院、市检察院、市公安局	
	埋闸河	石刭沟闸—圣埠	11.04	唐雷	市规划局	
	小陈河	陈场镇唐场村—通海口镇海峰村	18.2	唐雷	市交通局、市规划局	
	仙下河	排湖渡槽闸—塘湾、秦家闸—北坝闸	28.33	唐雷	市规划局、市交通局、市物价局、市工商银行	
	北干渠	杨林口—袁家口闸	53.6	王永	市卫健委、市住建委、市血防办、市中国银行、市建设银行	

行政区域	河流名称	起止地点	长度/km	第一河长	责任部门	主要职责
仙桃市	十二垸改道河	剅河镇谢湾村—胡场排湖渔场	16.4	王永	市卫健委、市农业发展银行、市农村商业银行	—
	张杨渠	张沟镇通玉闸—杨林尾镇友好村	18.05	胡水清	市档案局、市粮食局	
	八城垸主沟	张沟镇西港一组—彭场镇木兰口	14.4	张德萍	市供销社、市扶贫办	
	时北河	郭河镇新台村二组—牛鼻孔闸	24.01	郭金相	市民政局、市供电公司、市盐业分公司、市人寿保险公司	
	团结沟	郑场镇团结沟—胜利一闸	14.3	梁和平	市科技局	
	汪洲河	汉江酒店桥—彭场镇四方河渡槽	22.78	陈华军	市财政局、市人民财产保险公司	
	青南渠	邵沈渡槽—排南河（姚河村七组）	13.2	胡军波	市教育局、市商务局	
武汉市	通顺河	纯良岭闸—黄陵矶闸	67.8	龙正才	—	
	马影河	东城垸—东城闸	22	干小明	—	

数据来源：《通顺河流域水环境综合整治方案》（鄂政办函（2017）96 号）。

3. 建立以生态基流为导向的水质水量联合调度机制

2017年，湖北省环保厅组织编制了《通顺河流域水环境综合整治方案》。在此基础上，湖北省水利厅会同湖北省环保厅共同确定了以“在保障防洪调度的基础上，生态调度优先”为原则的《通顺河流域水环境综合整治水资源调度方案实施细则》，具体调度方案根据流域生态基流需求由环保部门提出，水利部门负责实施。湖北省环保厅、水利厅及武汉市、仙桃市、潜江市政府按照《通顺河流域水环境综合整治方案》和《通顺河流域水环境综合整治水资源调度方案实施细则》的要求，建立了通顺河流域水质水量联合调度协调机制。

通顺河流域水质水量联合调度的具体调度指令以湖北省环保厅会同湖北省水利厅按照确保流域生态基流来确定实施，由湖北省人民防空办公室（以下简称省防办）负责下发。武汉市、仙桃市、潜江市各地市水利部门在接到调度指令后，按照现有工程的管理权限，严格执行调度指令，确保该调度方案顺利实施。武汉、仙桃、潜江三市按季度向湖北省环保厅、水利厅报送涵闸泵站调度方案，由水利部门负责对控制断面流量进行监测，环保部门负责对水质进行监测。闸站启闭时，各地水利部门须及时向环保部门和下游地区通报闸站启闭时间和流量等相关信息，防止突发环境事故的发生。

通顺河为人工河道，主要功能为灌溉和排水，其水质水量调度大致可以分为三个方面。

（1）灌溉期调度

当通顺河流域生态补水、灌溉调度与防洪排涝调度矛盾时，生态补水、灌溉调度应服从防洪排涝调度。当不存在防洪排涝风险时，应充分发挥水资源的生态、灌溉等综合效益，将生态补水与灌溉相结合进行调度，在工程条件允许的情况下，以满足生态补水与灌溉的最大需求为原则进行调度。灌溉期（4—10月）泽口闸外江水位一般为29.78～32.21 m，极端情况下最低水位为29.22 m左右。

当遭遇长江、东荆河高水位，黄陵矶闸和大垸子闸不能自排时，通顺河闸站服从防洪排涝统一调度，此时尽量减少从泽口闸引水，以减轻下游泵站的排水压力，同时在通顺河沿线实施污染源限产限排等应急措施，以减小入河污染负荷，保障河流水生态环境。

当泽口闸外江水位高于31.67 m时，分别打开深江闸、毛咀闸、老深江闸、夏市闸、袁家口闸、纯良岭闸自流引水，此时泽口闸引水流量达156 m^3/s。

当泽口闸外江水位为30.04～31.67 m时，打开深江闸、毛咀闸、老深江闸、夏市闸、袁家口闸、纯良岭闸，首先考虑从泽口闸自流引水，此时泽口闸引水流量为58.0～156 m^3/s，当不足以满足下游灌溉及生态补水要求时，利用徐鸳口泵站、排湖泵站适时提水引入通顺河。

当泽口闸外江水位为29.78～30.04 m时，遇不灌溉时，控制老深江闸开度，打开深江闸、毛咀闸、夏市闸、袁家口闸、纯良岭闸，泽口闸自流引水流量为46.8～58.0 m^3/s，同时适时开启徐鸳口泵站提水，经同兴渠上的胜利二闸向毛咀闸下游补水，以满足生态补水要求；遇灌溉时，关闭毛咀闸，打开深江闸、老深江闸、纯良岭闸，泽口闸自流引水流量为46.8～58.0 m^3/s，开启徐鸳口泵站、排湖泵站。

遇极端情况，泽口闸可引水流量小于30 m^3/s时，除利用泽口闸引水外，潜江市需启动汉南河生态补水工程，通过百里长渠箱涵和王拐泵站向通顺河补水，以保障潜江段生态需水；打开深江闸、毛咀闸、纯良岭闸，控制老深江闸开度，开启徐鸳口泵站提水，经胜利二闸向下游补水，满足仙桃段和武汉段生态需水要求。

（2）枯水期调度

由于通顺河流域在枯水期通常不具有防洪排涝的风险，此时流域灌溉用水量需求极少，流域水质水量调度以保障生态基流为主。枯水期（11月—次年3月）泽口闸外江水位一般为29.44～30.16 m，极端情况下最低水位为29.25 m左右。

当泽口闸外江水位高于29.30 m时，泽口闸自流引水流量大于30 m^3/s，打开深江闸、毛咀闸、纯良岭闸，控制老深江闸开度，同时适时开启徐鸳口泵站提水，经同兴渠上的胜利二闸向毛咀闸下游补水。

当泽口闸外水位低于29.30 m时，泽口闸可引水流量很小，此时潜江市启动应急措施——通顺河生态补水工程，通过百里长渠箱涵和王拐泵站向通顺河补水。补水后，当通顺河流量可以达到30 m^3/s，且潜江市郑场游潭村断面水质达到Ⅳ类时，保持深江闸开启状态；因受百里长渠箱涵和王拐泵站工程引水能力限制，当通顺河流量不能达到30 m^3/s时，潜江市执行应急措施，要求部分企业限产停产，控制排入通顺河的污染物量。当潜江市郑场游潭村断面水质达到Ⅳ类时，保持深江闸开启状态；当郑场游潭村断面连续12小时的自动监测数据以及手工监测数据超过地表水Ⅴ类水质且有显著恶化趋势时，仙桃市向潜江市、湖北省环保厅、水利厅及其他相关部门发出预警通报，且48小时内潜江市未采取应急措施或措施不到位，仙桃市可关闭深江闸，此时执行深江闸关闭期间的应急调度方案——潜江市通顺河排水通过刘桥泵站、邱家剅闸（邱家剅泵站）、蒋家剅闸排水至城南河后入东荆河，仙桃段和武汉段打开毛咀闸、五只窑闸、华湾闸和纯良岭闸，控制老深江闸开度，开启徐鸳口泵站提水，经胜利二闸向北干渠补水。

（3）应急调度

当通顺河流域某一河段出现水华或因突发环境事件等导致水质明显下降时，启动通顺河流域水质水量应急调度，此时环保部门有权启闭污染河段所有闸站，进行污水抽排或是引水置换。

2015 年 11 月，因仙桃市水利基础设施建设关闭了深江闸 3 个月，到 2016 年年初通顺河集中开闸放水时，已严重污染的通顺河水经自然通道排入下游地区，通顺河武汉经济技术开发区河段陆续出现鱼类死亡现象，并被多家新闻媒体报道，群众反映强烈，几乎酿成重大污染事故。

2016 年 11 月，因修水利工程等通顺河上游泽口闸，下游深江闸、毛咀闸处于关闭状态，沿河排放的污水累积，使通顺河形成了 22 km（潜江段 15.5 km、仙桃段 6.5 km）死水，已无环境容量，且沿线潜江、仙桃两市的生产、生活排水还在持续排入，导致通顺河累积水量不断增加，水质恶化风险日益增大。由于通顺河下游仙桃市的水利基础设施建设持续到 2017 年 3 月，结合上年同期经历，累积的受污染河水若不及时排出，待仙桃市水利工程建成后通顺河集中开闸放水时，将对下游的仙桃市和武汉市造成难以预料的社会和环境影响。

为消除通顺河水环境风险，湖北省环保厅于 2016 年 12 月 17—18 日组织专班赴通顺河沿线进行现场调查，并组织对通顺河上下游水质现状进行监测，对通顺河污染积水排入汉江进行论证，得出了从应急的角度抽排通顺河现有污染积水、化解环境风险不会对汉江水体及饮用水水源地造成较大影响的结论。此后，湖北省环保厅立刻会同湖北省水利厅、潜江市、仙桃市制定了抽排通顺河污染积水的调度方案，最终确定了以 1 m^3/s 的流量从泽口闸抽排进入汉江的方案，抽取积水约 150 万 m^3，历时超过 20 天。

4. 建立以环保部门为召集人的联席会议制度

为加强通顺河流域跨行政区水环境管理，推进潜江、仙桃、武汉三市政府与有关部门的交流、合作，逐步实现潜江、仙桃、武汉三市各类环保资源共享，共同预防与处置通顺河跨行政区水环境污染事故和纠纷，维护三地人民群众环境权益，实现流域经济社会与环境协调发展，湖北省环保厅、住建厅、水利厅于 2017 年联合出台了《通顺河流域水环境保护联动协调机制》，确立了通顺河流域水环境保护协调工作联席会议制度。

联席会议由湖北省环保厅负责同志担任召集人，湖北省住建厅、水利厅负责同志担任副召集人，武汉市、仙桃市、潜江市人民政府分管领导为联席会议成员。联席会议办公室设在湖北省环保厅，承担联席会议的日常工作。由湖北省环保厅分管领导兼任办公室主任，湖北省环保厅、住建厅、水利厅相关处室主要负责人为办公室副主任。武汉市、仙桃市、潜江市人民政府分别指定一名负责人担任联络员，负责具体工作。

联席会议的主要职责是负责协调并督促通顺河流域各项水环境综合整治工作的实施，协调各成员单位的工作协同推进；研究解决水污染防治的重点和难点问题，向各成员单位通报通顺河水污染防治工作进展情况，并向湖北省人民政府报告。各成员单位每逢双月向联席会议办公室报告通顺河流域水环境质量改善工作进度情况，联席会议办公室每逢双月向湖北省住建厅、水利厅和武汉市、仙桃市、潜江市人民政府通报通顺河水质改善工作进展情况。

通顺河流域联席会议制度确立后，联席会议参与各方按照制度要求，应湖北省环保厅的召集，多次参与了通顺河流域水环境综合整治联席会议，为通顺河流域水环境综合整治献计献策。

2017 年 5 月 3 日，湖北省副省长、通顺河河长曹广晶同志召集武汉市、仙桃市、潜江市政府及湖北省环保厅、水利厅有关领导同志参加通顺河流域水污染防治联席会议，研究讨论《通顺河水污染综合整治工作方案》，要求打造一条“水清、水动、河畅、岸绿、景美”的通顺河。会后，湖北省政府印发了《关于研究加快通顺河流域水污染防治工作的纪要》，对近期重点工作和责任部门作出了明确安排。

2018年6月15日，通顺河流域水环境综合整治联席会议召集人湖北省环保厅李国斌副厅长召集湖北省环保厅、住建厅、水利厅和武汉市、潜江市、仙桃市相关负责同志在仙桃市联合召开通顺河流域水环境综合整治联席会议，研究部署通顺河水环境综合整治下一阶段工作。李国斌副厅长主持会议并讲话，会议听取了三市人民政府关于通顺河流域水环境综合整治工作进展的汇报，肯定了各市关于通顺河流域水环境综合整治工作所取得的成绩，并要求通顺河流域水环境综合整治各责任主体认清通顺河水质与终期目标之间差距较大的严峻形势，正视污染物排放仍然处于高位的问题，进一步挖掘减排潜力，加大减排力度，扩大流域环境容量，加强生态修复，加强信息采集与共享力度，完善信息报送机制，促进流域水环境持续改善，打造“水清、水动、河畅、岸绿、景美”的通顺河。

5. 建立通顺河流域跨界断面水质考核生态补偿制度

为进一步改善通顺河流域水环境质量，落实《湖北省人民政府办公厅关于印发湖北省跨界断面水质考核办法（试行）的通知》（鄂政办发〔2015〕43号）第十二条“在污染严重、跨界纠纷突出的地区开展跨界断面水质考核生态补偿试点”的规定，结合《通顺河水环境综合整治工作考核办法（试行）》（鄂环发〔2017〕21号），在武汉市、仙桃市、潜江市通顺河流域开展跨界断面水质考核生态补偿试点。随后，湖北省环保厅和财政厅联合出台了以“水质优先，责任共担”为原则的《湖北省通顺河流域跨界断面水质考核生态补偿试点暂行办法》，建立了环保考核、财政拨款、地方落实的通顺河流域跨界断面水质考核生态补偿机制。

（1）确定了补偿资金额度

补偿资金总额度为3 000万元。湖北省财政厅依据湖北省环保厅的核算结果，按年度通过调整相关地方的一般性转移支付资金额度实现生态补偿资金扣缴与奖励。惩罚性资金额度于每年年初根据潜江、仙桃、武汉三市上一年度水质情况确定，按照总额 3 000 万元向各市分配惩罚性资金额度；奖励性资金额度于每年年底根据三市当年水质情况确定，按照总额 3 000 万元向各市分配奖励性资金额度。生态补偿奖励资金必须专款专用，用于通顺河流域范围内的水污染防治工作，以促进跨界断面水质的持续改善。任何单位不得以任何理由、任何形式截留、挤占、挪用生态补偿奖励资金，不得用于平衡本级预算。

（2）确定了补偿资金分配权重系数

通顺河水系复杂，很难准确界定出境断面对应的入境断面、河流自然降解系数、沿线取用水量及河流水量，因此为保证补偿资金分配的可操作性及相对公平性，在考虑各市资金分配额度时放弃采用水量标准，而是直接采用断面水质和流域面积作为考虑因素，断面水质以环保监测数据为准。通过分析历年通顺河水质数据发现，COD、氨氮、TP 是水质污染最严重的 3 个指标，因此将这 3 个水质因子作为补偿资金分配权重系数因子，并按照各水质因子超Ⅲ类标准贡献度分配权重。权重系数每年根据水质情况进行动态调整。在计算奖励性资金时，考虑到各市实际水环境整治的工作量和难度，另新增了流域面积占比作为另一个资金分配权重系数。通顺河流域面积为 3 266 km^2，其中在潜江市的面积为 74.48 km^2，在仙桃市的面积为 2 306.15 km^2，在武汉市汉南、蔡甸两区的部分面积为 885.37 km^2。潜江市、仙桃市、武汉市两区分别占流域面积的 2.3%、70.6%、27.1%。仙桃市在通顺河流域中占绝大部分面积，治理任务最重，改善难度最大，加入流域面积作为资金分配的权重系数之一体现了各地改善工作的难度。

（3）确定了补偿资金运作模式

惩罚性资金采用“谁水质差，谁惩罚多”的原则，由湖北省环保厅负责考核，按照考核断面上一年水质情况计算惩罚性资金额度，主要依据

COD、氨氮、TP 等水质因子相应的权重系数及各断面水质因子年均浓度与Ⅲ类水质标准限值的差值进行计算。采用各因子年均浓度与Ⅲ类标准的差值作为惩罚性资金的分配因子之一，主要是为与通顺河总体达到Ⅲ类的水质目标相衔接，激励各地大力开展水环境整治工作，力争早日达到Ⅲ类水质目标。

奖励性资金采用“谁水质好，谁工作量大，谁奖励多”的原则，由湖北省环保厅负责考核，按照考核年度当年断面水质情况及各市辖区内通顺河流域面积计算奖励性资金额度。在通顺河水环境综合整治工作考核中考核结果为不合格的城市无奖励性资金分配资格，不参与资金分配计算。奖励性资金设置了奖励性资金分配权重系数，以有奖励性资金分配资格的断面对应的流域面积在所有奖励性资金分配资格的断面对应的流域面积总和中的占比及水质同比改善情况进行计算。其中，断面同比改善分为断面总体水质劣于Ⅲ类、断面总体水质为Ⅲ类及以上两种情况。将断面同比水质改善情况作为资金分配因子之一，体现了对通顺河水质逐渐改善的要求，以及对水质改善工作的奖励，能够促进各市持续改善水质，从而稳定推动各地的水环境整治工作。同时，考虑到随着整治工作的推进，通顺河水质将逐步改善，未来可能出现断面水质保持优良但同比改善幅度不大的情况，因此将断面同比改善分为Ⅲ类水质以上和Ⅲ类水质以下两种情况来进行计算。

（4）确定了资金使用方向

分配到各市的流域生态补偿资金由各市政府统筹安排，优先用于流域综合治理、水污染防治、生态环境保护等，其次用于通顺河流域产业结构调整和产业布局优化。

6. 推进流域水环境综合治理

2017 年，湖北省环保厅会同省水利厅编制了《通顺河流域水环境综合整治方案》，武汉市、仙桃市、潜江市也相继组织对辖区水环境综合整治方案进行了修订，并推进工业污染治理工程、城镇生活污染治理工程、畜禽养殖污染治理工程、农业面源污染控制工程、水产养殖污染防治工程、农村环境综合整治工程、水生态环境保护与修复工程、水资源调度工程、水环境监管能力建设、科技支撑研究等重点工程措施的落实。

潜江市按照“不欠新账、多还老账”的思路，以“人民群众满意”为目标，从工业、生活、畜禽养殖、种植业等全方位采取控污、截污、治污等措施综合治理，累计投入近 20 亿元。2017 年，潜江市围绕省政府的决策部署，筹资 5 亿元对通顺河（潜江段）实施综合治理。一是引活水，从东荆河倒虹管引入汉江水，让通顺河（潜江段）水体流动起来，提高潜江境内河水的水质；二是关闭取缔涉污企业 11 家，完善开发区环境基础设施，污水处理厂等一系列环保设施陆续建成投用，投资 2.47 亿元建设了经济开发区工业污水处理厂（一期）主体工程和园区东部近 2 km 管廊；三是关闭拆除了汉南河沿线禁养区畜禽养殖场 96 家，关闭了泰丰办事处 12 家畜禽养殖场，按“一场一策”对非禁养区内的 15 家畜禽养殖场实施治理；四是完成潜江经济开发区竹根滩镇沿线微动力农村生活污水处理设施 8 套，安装分散式生活污水处理设施 1 017 套。

仙桃市大力推动产业结构转型升级，将通顺河沿线 50 m 范围内划定为生态红线，投入 580 万元开展河流划界确权测量，2018 年 1—5 月否决了 10 多个水污染项目；推进新材料产业园、食品产业园污水处理厂第三方运营，实现污水集中处理，园区污水处理达标排放；加强工业污染治理，推动工业企业关停搬迁入园，督促 65 家排水企业安装污水自动在线监控装置，立案调查环境违法案件 35 件，实施查封（扣押）8 件，实施停产整治 1 件。加快城东污水处理厂整改，由 6 万 t/d 改为 12 万 t/d 提标扩容工程已于 2017 年 9 月底前完成了工程建设，出水达到 GB 18918—2002 的一级 A 标准，每日处理污水 8 万 t；2017 年 10 月底前完成了黄金大道、沔街大道西延、丝宝路等区域的排污管网建设，城西片污水进入城西污水处理厂进行处理，目前城西污水处理厂每日处理污水 1.1 万 t；强力推进城西片污水管网建设，已建成并投运 5 座乡镇污水处理厂。大力开展通顺河流域清障除杂工作，共清除拦河坝 70 处、“迷魂阵”152 处，拆除违章建筑 76 处，封堵小型排污口 23 处，利用挖掘机、打草船等机械对通顺河流域河道内的水草进行清理，打捞面积达 20 余万 m^2；积极采取以奖代补的形式，购买社会公共服务，对通顺河流域 210 km 的河道按属地管理的原则划分为 20 个保洁区，配备 20 艘打捞船、近 100 名管护员，常年负责在保洁区域内进行日常管护。此外，为确保境内水质达标排放，仙桃市已关停沿线近 1 400 家养殖场，仅 2017 年就关停了 386 家，17 个乡镇于 2018 年投运生活污水处理厂。

武汉市完成了纱帽河—泥湖河黑臭水体治理工程、沉湖湿地清淤及整治自然生态保护示范项目，实施了庙五河灌区水源配置工程，在蔡甸区通顺河沿线新建了 10 个村的农村生活污水处理设施。

7. 联合与交叉执法并用，推进环保措施落实落地

当通顺河水质出现异常时，由湖北省环保厅组织潜江、仙桃、武汉三市的环保部门开展联动环境执法检查，打击环境违法行为，督促环保措施落实，排除环境污染隐患。2014 年 6 月，为彻底查清通顺河上游污染情况，湖北省环保厅派出工作专班，会同武汉市蔡甸区、仙桃市、潜江市环保局对通顺河流域开展首次环境联合执法行动。该行动历时 4 天，共出动执法人员 33 人，沿通顺河对流域内的蔡甸区沉湖湿地、黄丝河、通顺河仙桃段、

通顺河潜江段的排污企业进行了拉网式排查，共排查工业源、生活源及农业面源污染 45 个，查看市政排口、涵闸 18 个，对通顺河干流及支流的 16 个地表水水质监测点和 25 个工业企业排污口进行了采样检测，基本摸清了通顺河的水质变化情况、流域内污染来源等。之后，湖北省环保厅多次会同武汉市、蔡甸区、仙桃市、潜江市环保局对通顺河流域开展诸如“四河流域执法行动”、环境执法“零点行动”等环境联合执法行动，均取得了积极成效。

2017 年 8 月 9—31 日，湖北省环保厅组织潜江市、仙桃市、天门市开展了交叉执法和联合执法检查，对通顺河沿岸工业企业水污染物排放情况进行了检查，依法查处了湖北江大化工有限公司将污水循环池与雨水管网相连接的环境违法行为。此外，每月还组织对通顺河国考断面和跨界断面进行监测，将监测情况向地方政府通报并在湖北省环保厅网站公开。

5.4.3 流域水环境综合整治成效

1. 水环境质量明显提升

由表 5-6 可以看出，通顺河流域水质得到明显改善，尤其是潜江段郑场游潭村断面水质已达到Ⅲ类（目标为Ⅳ类），仙桃段、武汉段污染物浓度有所下降，断面水质改善趋势明显。2018 年上半年，除仙桃市汉洪村河流断流未检测外，通顺河潜江段、仙桃段、武汉段的 5 个监测断面全部达到年度目标，达标率为 100%。

表 5-6 通顺河流域考核断面水质情况

考核断面	考核城市	2016年	2017年		2018年		达标情况
		水质类别	目标	现状	目标	1—6月	
郑场游潭村	潜江市	劣Ⅴ类	Ⅳ类	Ⅳ类	Ⅳ类	Ⅲ类	达标
港洲村	仙桃市	Ⅴ类	Ⅴ类	Ⅴ类	COD≤40 mg/L、氨氮≤2 mg/L、TP≤0.4 mg/L，其他指标为Ⅳ类	COD为22.0 mg/L、氨氮为1.71 mg/L、TP为0.178 mg/L，其他指标满足Ⅳ类	达标
挖沟泵站	仙桃市	劣Ⅴ类	Ⅴ类	劣Ⅴ类	COD≤40 mg/L、氨氮≤2 mg/L、TP≤0.4 mg/L，其他指标为Ⅳ类	COD为32.3 mg/L、氨氮为1.86 mg/L、TP为0.192 mg/L，其他指标满足Ⅳ类	达标
洪南村	仙桃市	Ⅴ类	Ⅴ类	Ⅴ类（7月开始监测）	COD≤40 mg/L、氨氮≤2 mg/L、TP≤0.4 mg/L，其他指标为Ⅳ类	COD为34.2 mg/L、氨氮为1.68 mg/L、TP为0.175 mg/L，其他指标满足Ⅳ类	达标
汉洪村	仙桃市	—	Ⅴ类	河流断流，未监测	COD≤40 mg/L、氨氮≤2 mg/L、TP≤0.4 mg/L，其他指标为Ⅳ类	河流断流，未监测	—
黄陵大桥	武汉市	Ⅴ类	Ⅴ类	Ⅳ类	COD≤40 mg/L、氨氮≤2 mg/L、TP≤0.4 mg/L，其他指标为Ⅳ类	COD为26.2 mg/L、氨氮为1.54 mg/L、TP为0.205 mg/L，其他指标满足Ⅳ类	达标

2. 综合管理水平全面提高

针对通顺河流域水污染严重、管理体制和机制不够顺畅等问题，湖北省开展了一系列有益的探索和实践，并取得了一定成效，全面提高了通顺河流域生态环境保护与管理的水平。

一是在通顺河流域跨行政区水环境管理中，以政府为主导，强化了省级环境保护行政主管部门的统筹、协调、监督职能，明晰了地方政府的权责分工，确保水环境保护工作内容明确、任务落到实处。同时，确定了权责相统一的管理体系，理顺了管理体制，避免了权责交叉，全面提高了水环境管理效能。

二是通过建立以省环境保护主管部门为召集人的联席会议制度与水质水量联合调度机制，及时反馈工作进展情况，共同研究解决重点和难点问题，在湖北省环保厅的组织和协商下，湖北省水利厅、住建厅及通顺河流域各部门、各行政区政府间的有效沟通与紧密合作明显加强，同时跨界水环境纠纷问题也得到有效缓解。

三是加强了水生态系统保护的统一监管和治理。将通顺河流域水质、水量和水生态作为一个有机整体加以统筹谋划，着力改变岸上与岸下、地表与地下、点源与面源监管空间分离的现状，加强水质、水生态与水量管理的协同性，着力解决水资源保护与水污染防治、水生态保护的相容性问题，采取综合管理方式取得治水效果的最大化，着力打造一条“水清、水动、河畅、岸绿、景美”的通顺河。

四是完善了现行政绩考核制度，将流域跨行政区水环境问题纳入地方党政领导干部政绩考核体系，对地方政府形成了有效的行政约束，促进各地积极进行污染防治，有效避免了污染转嫁和以邻为壑现象的发生。

3. 水污染风险有效降低

随着《通顺河流域水环境综合整治方案》《通顺河流域水环境综合整治水资源调度方案实施细则》《通顺河流域水环境综合整治工作考核办法和协调机制》等文件的出台和通顺河流域水环境综合整治联席会议制度、通顺河流域水质水量联合调度机制、通顺河流域跨界断面水质考核生态补偿机制等的建立，通顺河流域水污染风险有效降低。自2017年以来，通顺河流域没有发生过由水质污染引起的突发环境事件。

5.4.4 流域水环境管理经验总结

1. 探索建立流域统筹的环境管理机制

通过不断完善通顺河流域跨行政区水环境管理工作机制，协同保障通顺河流域跨行政区水环境管理工作，湖北省建立了以环保为核心的跨行政区水环境管理制度。

（1）高位谋划，推动流域综合治理

在湖北省环保厅的推动下，湖北省政府印发了《关于加快通顺河流域水污染防治工作的函》，明确了通顺河流域水环境治理的重点任务和分年度水质目标，督促指导武汉市、仙桃市、潜江市制定完成辖区通顺河治理达标方案。在此基础上，湖北省环保厅统筹编制了《通顺河流域水环境综合整治方案》，制定了《通顺河水环境综合整治工作考核办法（试行）》，同时湖北省委、省政府印发了《湖北省关于全面推行河湖长制的实施意见》，明确了湖北省政府副省长曹广晶为通顺河河长，武汉市、仙桃市、潜江市政府负责同志为分段河长，建立了通顺河四级河湖长体系。这些都为推动通顺河流域水环境综合整治工作提供了坚实的组织保障。

（2）权责明晰，联动合作落实各方责任

在湖北省政府的领导下，由湖北省环保厅牵头，会同湖北省住建厅、水利厅研究制定了通顺河流域跨界治理的具体方案与相关制度，建立了以环保部门为中心的通顺河流域联席会议制度，明晰了各部门职责权限，加强了部门间的合作交流，推进了上下游、跨部门联动协调。武汉市、仙桃市、潜江市等地方政府按照全域治理、分段负责的原则，组织对辖区水环境综合整治方案进行修订，并推进重点工程措施落实，加大了水环境综合整治力度。

（3）强化协商，及时统筹调度解决突出问题

针对通顺河流域上下游政府间、政府各部门间沟通协商机制缺乏的问题，湖北省环保厅联合湖北省水利厅、住建厅制定了《通顺河流域水环境保护联动协调机制》，通过建立以环保部门为主导的信息共享、联合监测、联合监管执法、协同应急、污染纠纷处理等工作制度，武汉、仙桃、潜江三市每月定期调度上报各地、各部门工作进度，及时会商研究解决工作推进中的困难和问题，统筹协调推进通顺河流域综合整治工作。

2. 建立基于生态基流的水质水量联合调度机制

（1）完善水质水量联合调度制度建设

湖北省水利厅会同湖北省环保厅共同制定了以“在保障防洪调度的基础上，生态调度优先”为原则的《通顺河流域水环境综合整治水资源调度方案实施细则》，明确了通顺河流域水质水量联合调度的具体调度指令以环保部门会同水利部门按照确保流域生态基流来确定实施，由省防办负责下发。武汉、仙桃、潜江三市按季度向湖北省环保厅、省水利厅报送涵闸泵站调度方案，由水利部门负责对控制断面流量进行监测，环保部门负责对水质进行监测。闸站启闭时，各地水利部门须及时向环保部门和下游地

区通报闸站启闭时间和流量等相关信息，从而有效地防止了突发环境事件的发生。

（2）实施动态监测与预测

充分发挥现有监测站网的作用，对重要控制断面水情、水质实施动态监测，及时掌握水情、水质信息，有的放矢地开展防污调度。加强水情预测分析，优化调度措施，为流域内防洪排涝和水资源利用提供技术保障。

（3）开展闸坝水量调度

基于闸上污水的蓄积量、上游来水的水量、水质情况，结合通顺河的水量情况，根据预测的水情在保证防汛安全的前提下，通过闸坝调度，在确保工业、农业生产用水的前提下，尽可能满足稀释污染水体所需的水量，控制“污水团”的整体下泄，从而避免水污染事故的发生或减轻水污染事故的危害。

3. 建立环保考核、财政拨款、地方实施的流域跨界断面水质考核生态补偿机制

2018 年，湖北省环保厅、财政厅印发的《湖北省通顺河流域跨界断面水质考核生态补偿试点暂行办法》规定：生态补偿资金额度由省财政厅依据省环保厅的核算结果，按年度通过调整相关地方的一般性转移支付资金额度实现生态补偿资金的扣缴与奖励。补偿资金分配权重系数由环保部门水质监测数据和各地市所占流域面积来确定，摒弃了常规的水量指标。补偿资金运作模式采用“谁水质差，谁惩罚多；谁水质好，谁工作量大，谁奖励多”的原则，由湖北省环保厅负责考核，按照考核断面上一年度水质情况计算惩罚性或奖励性资金额度。分配到各市的流域生态补偿资金由各市政府统筹安排，优先用于流域综合治理、水污染防治、生态环境保护等，其次用于通顺河流域产业结构调整和产业布局优化。

4. 健全水环境管理问责制

2018 年，湖北省环保厅、住建厅、水利厅联合印发了《通顺河流域水环境综合整治工作考核办法》，从水环境质量目标完成情况和水环境综合整治工作任务完成情况两个方面按年度目标进行考核。将水环境质量目标完成情况作为刚性要求，兼顾水环境综合整治工作任务完成情况。省环保厅、省水利厅不定期对各市重点工作推进情况进行现场检查；每年组织对各年度工作进行考核评估，重点考核年度水质目标和重点工作完成情况，评估各项工作措施的绩效情况，指导各市修正和完善工作措施，并将考核结果向社会公开，同时上报省政府，作为对地方党政领导班子和领导干部综合考核评价的重要依据，对工作成效显著的地方政府进行表彰并实行资金安排倾斜支持，对考核不合格的地方政府采取约谈、限批、问责等措施。

第6章

湖北新时代治水兴水战略总体思路

6.1 指导思想

全面贯彻党的十九大精神，深入落实习近平生态文明思想，坚持“创新、协调、绿色、开放、共享”的新发展理念，按照“节水优先、空间均衡、系统治理、两手发力”的新时期治水兴水工作方针，紧紧围绕建成美丽湖北的总体目标，把全面深化治水兴水与管理体制机制改革作为根本动力，着力构建系统完善、科学规范、运行有效的管理体制机制，推进水治理体系和治理能力现代化；把全面落实最严格水资源管理制度作为基本抓手，全面强化节水型社会建设；把永葆“母亲河”生机活力作为核心任务，抓紧建设水生态环境保护体系；把全面做好水安全大文章作为工作方向，着力完善防洪抗旱减灾体系；把推进城乡治水兴水基础设施均衡配置作为主攻目标，加快实施治水兴水重大工程，持续加强农村治水兴水建设，全面提升全省治水兴水基础保障能力，努力提高涉水部门社会管理服务水平，加快推进治水兴水强省建设，为将湖北省建成长江经济带脊梁和中部地区发展支点、实现全面建成小康社会提供更加坚实的治水兴水支撑和保障。

6.2 基本原则

一是坚持以人为本、民生至上。把保障和改善人民群众利益作为出发点和落脚点，把解决人民群众最关心、最直接、最具现实意义的水问题作为优先领域，突出抓好水资源合理开发利用、水污染防治、水生态保护、防洪保安等“水任务”，让治水兴水成果普惠人民群众。

二是坚持人水和谐、空间均衡。正确认识和遵循经济规律、自然规律、生态规律，充分考虑水资源环境承载力，以水定需、量水而行、因水制宜，大力落实最严格的水资源管理制度，妥善处理人与水、经济发展与水生态环境、水资源开发利用与节约保护等多重关系，实现水资源的优化配置和可持续利用。

三是坚持环境友好、生态优先。把生态文明建设融入治水兴水全过程，把生态优先、保护为主、自然恢复作为基本方针，注重保持河流、湖泊的自然形态，力求水动、水活、水通、水连，使治水兴水工程与自然生态环境相协调，使千河畅其流、千湖复其清，为维护生物多样性创造适宜的水环境。

四是坚持统筹兼顾、系统治理。协调流域与区域、城市与农村、经济社会发展与治水兴水等关系，统筹考虑水资源条件、经济社会发展需要和自然生态各种要素水平，把治水兴水与治山、治林、治田等有机结合起来，系统解决水灾害、水短缺、水生态、水污染等问题。

五是坚持改革驱动、两手发力。本着“简政放权、市场配置，服务社会、惠及民生，重点突破、整体推进，立足当前、着眼长远”的原则，协同政府作用和市场机制“两手”发力，以改革促发展、以创新添活力，在治水兴水重要领域和关键环节改革上取得决定性成果，使治水兴水体制更顺，机制更活，制度体系更加科学、完备、有效，显著提升湖北省的水安全保障能力。

6.3　发展目标

围绕全面建成小康社会，早日实现“布局科学、功能完善，工程配套、管理精细，水旱无忧、灌排自如，配置合理、生态优先，河畅水清、山川秀美，碧水长流、人水和谐”的美好愿景，确立以下发展目标：

1. 近期目标（至 2025 年）

水资源保护方面：生态环境部门与水利部门的协商机制进一步完善，生态基流得到有效保障，节水型社会建设取得明显进展。

水污染防治方面：集中式饮用水水源水质达标率达到 100%，基本消除黑臭水体，生活污水基本实现全收集、全处理。

水生态保护方面：主要江河湖泊水功能区水质明显改善，湖泊水面基本不萎缩，河湖生态环境水量得到基本保障，水生态系统功能逐步恢复。

防洪抗旱减灾方面：全面建立山洪与干旱预警防治体系，城乡洪涝灾害预警与应急处置能力进一步提升。

水管理与改革方面：依法治水、科学管水能力大幅提高；水权、水价、水市场改革取得重要进展，基本建立用水权初始分配制度，基本形成水利工程良性运行机制；水文、水资源、水土保持和湖泊保护、水库大坝安全等监测设施及水利防汛管理、水政监察等基础设施进一步完善；全面建立水生态文明制度体系；水管理信息化体系建设全面加强；基层水管理服务能力显著提升。

2. 远期目标（至 2035 年）

水生态环境质量显著改善，水生态系统健康安全、结构稳定，人体健康得到充分保障，经济环境实现良性循环，人口、资源、环境、发展全面协调，生态文明蔚然成风。

6.4 发展布局

湖北省按照长江经济带建设战略总体部署，围绕湖北省区域发展总体布局，根据不同地区发展定位和水土资源、生态环境承载力及生态环境保护的要求，针对突出的水问题，围绕“一核两带四屏”开展治水兴水总体布局：以保障江汉平原核心区经济发展为主线，依托两条生态廊道建设，带动“四屏”协同发展，为湖北省成为中部崛起的战略支点、挺起长江经济带脊梁、实现“美丽湖北”和全省共同奔小康目标奠定坚实的基础。

1. “一核”

“一核”指江汉平原核心发展区域，包括长江流域和汉江流域平原区，是以武汉市为中心的城市圈所在地，是全国和湖北省经济发展核心区域，也是国家主要商品粮基地之一，人口密集、经济发达、水土资源丰富。该区域以约占湖北省 38%的国土面积承载了全省近 62%的人口，创造了约 71%的经济总量，同时也面临着人水争地矛盾、水生态环境问题较突出等问题。针对洪水灾害风险大、供水安全保障不足、水体水质污染问题突出等问题，继续推进长江、汉江的干流、支流治理和蓄滞洪区建设，加强洪水风险管理，完善防洪除涝减灾体系。实施“一江三河”等必要的河湖水系连通工程，开展四湖流域、梁子湖、斧头湖等重点湖泊综合整治，维护河湖健康。全面建设节水型社会，保障江汉平原城镇化进程及农业主产区的用水需求，以水资源、水环境可承载力为刚性约束，推动区域人口、产业和空间的协调发展。

2. “两带”

“两带”指的是长江经济带、汉江生态经济带，是湖北省区域经济社会发展和生态环境保护的重要纽带。在长江经济带生态廊道中，湖北省要坚持生态优先、绿色发展，“共抓大保护，不搞大开发”，把修复长江生态环境摆在压倒性位置，着力保护水生态系统；加强饮用水水源地保护，优化沿江取水口和排污口布局，建设沿江河湖水资源保护带、生态隔离带等绿色生态廊道，增强水源涵养和水土保持能力；稳步推进水资源配置工程和沿江城市引提水工程，加强河道崩岸治理。湖北省在汉江生态经济带中作为南水北调中线工程的水源区和影响区，承担着“一库清水北送”和维护生态安全的重任，要重点实施汉江中下游重要堤防、分蓄洪区等工程，完善汉江防洪除涝减灾体系；加强汉江中下游的水量调度，严格控制污染物入河总量，营造山清水秀、环境优美、生物多样的汉江生态廊道，建成全国流域水利现代化示范带。

3. “四屏”

“四屏”指鄂西北秦巴山区、鄂东北大别山桐柏山区、鄂西南武陵山区和鄂东南幕阜山区，是湖北省主体功能区划中的重点生态功能区，属于国家水土保持重点功能区。这 4 个片区的人口较为分散、经济相对落后，是全国集中连片特困区，也是水利扶贫重点区域，面临着民生发展和生态保护的双重任务，要在保护生态环境的基础上加强贫困地区农村饮水巩固提升、重点水源建设、山洪灾害防治、中小河流治理、绿色水电建设等，推进水利精准扶贫，推动区域经济绿色发展。对于鄂东北大别山桐柏山区，应重点加强中小河流治理和水土流失治理；对于鄂西北秦巴山区，应重点开展丹江口库区等水源地保护和绿色水电扶贫工作；对于鄂西南武陵山区，应重点开展供水水源和控制性枢纽建设；对于鄂东南幕阜山区，应重点开展山洪灾害防治。与此同时，还应解决这些地区的通水、通电、灌溉、防洪、生态保护等问题。

第7章 湖北新时代治水兴水战略行动建议

7.1 合理利用和保护水资源

在保护水资源、水环境、水生态的基础上，湖北省仍需以加强重点领域节水、优化水资源配置格局为重点，按照“生态优先、确有需要、可以持续”的原则大力推进水资源节约利用，因地制宜地建设一批水源及引调水工程，完善水资源配置格局，保障重要经济区和城市群的供水安全。

7.1.1 划定水资源利用管控分区

根据“三线一单”成果，湖北省对水资源承载力管控分区进行了划定，将严重超载和超载区域划分为重点管控区，将临界状态和不超载划分为一般管控区。湖北省各市（州）水资源承载状况分析评价见表 7-1。

表 7-1 湖北省水资源承载状况评价

市（州）	核定的用水总量指标（W_0）/万 m^3	评价口径的现状用水量（W）/万 m^3	W/W_0	用水总量指标承载状况
武汉市	423 200	344 166.18	0.81	不超载
黄石市	168 900	142 425.00	0.84	不超载
襄阳市	352 800	299 327.00	0.85	不超载
荆州市	362 600	352 765.00	0.97	临界状态
宜昌市	202 400	173 079.00	0.86	不超载
十堰市	107 600	92 936.00	0.86	不超载
孝感市	284 400	250 430.00	0.88	不超载
黄冈市	305 300	295 909.00	0.97	临界状态
鄂州市	102 600	86 581.00	0.84	不超载
荆门市	233 800	219 701.00	0.94	临界状态

市（州）	核定的用水总量指标（W_0）/万 m^3	评价口径的现状用水量（W）/万 m^3	W/W_0	用水总量指标承载状况
仙桃市	108 000	90 607.00	0.84	不超载
天门市	100 800	91 748.00	0.91	临界状态
潜江市	71 600	61 928.64	0.86	不超载
随州市	108 600	90 993.00	0.84	不超载
咸宁市	160 100	147 651.00	0.92	临界状态
恩施州	56 700	53 083.00	0.94	临界状态
神农架	3 700	1 819.53	0.49	不超载

根据表 7-1 的评价结果，建议结合汉江流域水资源供需矛盾的问题，将缺水率大的地区，包括襄阳市襄城区，随州市曾都区、随县，孝感市汉川市、应城市，荆门市东宝区、掇刀区、钟祥市、京山县、沙洋县这 10 个县（市、区）划分为水资源重点管控区，其他地区为一般管控区；加强江河湖库水量调度管理，健全河湖水系主要涵闸坝站台账，确保生态用水；对大型灌区和中性灌区开展节水改造和续建配套，以鄂北地区水资源配置工程、荆门汉东引水工程、引江济汉、“一江三河”水系连通工程为依托，改善流域农业灌溉缺水问题。

7.1.2　建立流域统筹资源环境管理机制

一是建立跨行政区的流域统筹环境管理机制。建立以环保为核心的跨行政区流域统筹环境管理机制，通过各相关部门的联合调动，推进上下游、跨部门的联动协调，强化部门间的协商。按照全域治理、分段负责的原则，达到对流域的统筹调度管理。

二是建立以环保部门为主导的信息共享、联合监测、联合监管执法、协同应急、污染纠纷处理等工作制度。

三是建立基于生态基流的水质水量联合调度机制。制定以“在保障防洪调度的基础上，生态调度优先”为原则的《流域水环境综合整治水资源调度方案实施细则》，明确流域水质水量联合调度的具体调度指令由环保部门会同水利部门制定实施，由省防办负责下发。各市（州）向省生态环境厅、省水利厅报送涵闸泵站调度方案，由水利部门负责对控制断面流量进行监测，环保部门负责对水质进行监测。

四是开展闸坝水量调度。基于闸上污水的蓄积量、上游来水的水量和水质情况，在保证防汛安全的前提下，通过闸坝调度尽可能满足稀释污染水体所需的水量，控制“污水团”的整体下泄，以避免水污染事故的发生或减轻水污染事故的危害。

7.1.3 节约利用水资源

1. 农业节水增效

2014—2018 年，湖北省农业用水的耗水率虽有所降低，但仍占全省用水率的 50%以上。根据 2014—2018 年农田水利部门的调查数据（表 2-7、图 2-3），湖北省农田灌溉水有效利用系数虽呈逐年稳定上升趋势，但仍低于全国平均水平，2018 年湖北省灌溉水有效利用系数为 0.516，而全国农田灌溉水有效利用系数为 0.554。

在农业节水方面，各市（州）首先要大力推进节水灌溉，主要分为以下几个方面：加强灌区骨干渠系节水改造、末级渠系建设、田间工程配套和农业用水管理，实现输水、用水全过程节水；积极推广使用高效节水技术，推进高效节水灌溉区域化、规模化、集约化发展，提高农业灌溉用水效率；积极推行灌溉用水总量控制、定额管理，加强灌区监测与管理信息系统建设，实现精准灌溉。其次，要优化调整农作物种植结构，提高农产品附加值。最后，要推广种养殖生态节水方式，对规模养殖场实施节水改造和建设；发展节水渔业，推广循环化、梯级化节水养殖技术应用，以从根本上实现农业节水增效。

2. 工业节水减排

湖北省 2015—2018 年的万元 GDP 用水量与万元工业增加值用水量均呈逐年降低趋势，分别由 102 m^3 和 81 m^3 降至 75 m^3 和 61 m^3（表 2-6）。这得益于近年来湖北省大力实施最严格的水资源管理制度并开展节水型社会建设，逐步实现了用较少的水资源消耗支撑经济社会发展的目标。

在深入开展工业节水减排方面，仍需继续努力：一方面，应加快推进工业节水改造和增效，大力推广工业水循环利用，加快淘汰落后用水工艺和技术；另一方面，要积极推行水循环梯级利用，鼓励工业园区实行统一供水、废水集中处理和循环利用，推动企业间的用水系统集成优化。

3. 生活和服务业节水降损

2014—2018 年，随着湖北省常住人口的增加和居民生活水平的提高，生活用水总量逐年升高，按老口径计算，2018 年生活用水总量较 2014 年增长了 24.05%。为了切实推进全省生活和服务业节水降损，首先，应全面推进节水型城市建设，将节水落实到城市规划、建设和管理的各个环节，实现优水优用、循环循序利用。其次，应加快城镇管网改造，降低管网漏损率。再次，应加强公共建筑和住宅小区节水配套设施建设，大力推广使用节水器具。最后，应严控高耗水服务业用水，强化特殊行业用水管理，减少对新鲜水的取用量。

4. 鼓励利用非常规水源

鼓励利用再生水、雨水、空中水、矿井水、苦咸水等非常规水源。针对新建的宾馆、学校、居民区、公共建筑等建设项目，应当配套建设雨水积蓄和再生水利用设施，提高再生水利用率。

5. 发挥科技创新引领作用

加快关键节水技术装备研发，促进节水技术转化推广，建立“政产学研用”深度融合的节水技术创新体系，加快节水科技成果转化与推广，积极开展对节水技术、产品的评价，规范节水产品市场，培育节水产业。

7.1.4 完善水资源配置格局

1. 加快重大引调水工程建设

在全面强化生态、环保、增效、治污、节水、控需的前提下，深入研究湖北省水资源总体配置方案，加快实施一批重大引调水工程，提高区域水资源、水环境承载力，力争完成鄂北地区水资源配置主体工程建设，大力推进“一江三河”水系连通工程、鄂北地区水资源配置二期工程、中国农谷水资源配置工程等重大引调水工程建设，继续开展引江补汉工程、江汉平原水安全保障战略工程的前期工作。

2. 加强重点水源工程建设

在科学论证的基础上，有序推进一批重点水源工程建设。在湖北省大中型和小型水库建设规划内，加快实施前期工作基础较好的部分中型水库建设，积极推进小型水库开工建设，着力提高重点地区、重点城市和粮食主产区的水资源调蓄能力，保障区域供水安全。

3. 实施城市应急备用水源工程建设

对水源单一、供水保证率较低的城市，建设城市应急水源，完善配套设施，保障城市在短期应急情况下的应急供水需求，增强城市安全保障能力。对用水需求增长较快的城市，在全面强化节水、对现有供水水源挖潜改造的基础上，统筹考虑当地水源及外调水源，合理确定城市应急备用水源方案，完善城市供水格局；对现状挤占河湖生态用水的城市，加快替代水源工程建设，保障河湖生态水量；对供水水质较差的城市，在治污和加强水源保护的基础上，实施水源置换等措施，增强城市水体的循环流动性，确保城市供水水质安全。

7.2 综合整治水环境

7.2.1 划定水环境管控分区

1. 划定水环境优先保护区

通过开展水环境系统解析及系统重要性、敏感性、脆弱性评价，完成水环境管控分区。将县级以上城镇集中式水源地所在区域，湿地保护区、江河源头、珍稀濒危水生生物及重要水产种质资源的产卵场、索饵场、越冬场、洄游通道、河湖及其生态缓冲带等高功能水体所在的汇水区，丹江口水库、三峡水库大坝以上区域及清江干流等高功能水体所在区域的控制单元作为水环境优先保护区。建议对于水环境优先保护区，应以水质安全、生态健康为目标，重点明确需要保护的敏感地区水质要求和生态安全风险分级预警阈值。

2. 划定水环境重点管控区

根据水环境评价和污染源分析结果，将水质超标和不能稳定达标河段所在区域、工业园区（集聚区）和大中型工业企业所在区域划为重点管控区。根据污染来源的不同分为以工业源为主的工业污染重点管控区、以城镇生活源为主的超标控制单元和以农业源为主的超标控制单元，并将其作为水环境重点管控区。建议对于水环境重点管控区，应以污染减排、限期达标为目标，重点明确污染物排放管控、环境风险防控等要求。

3. 划定水环境一般管控区

湖北省一般管控区指扣除优先保护区、重点管控区后的其他地理区域。建议参照相关法律法规，重点在空间布局上予以约束。

7.2.2 深化重点流域污染防治

落实重点流域、丹江口库区水污染防治规划和长江经济带生态环境保护规划。推进实施长江中游、汉江中下游、清江、丹江口库区、三峡库区、漳河水库等重点流域水环境分区管控。编制不达标水体环境综合整治达标方案。在香溪河、沮漳河、黄柏河、通顺河、四湖总干渠、竹皮河、蛮河等流域严格控制 TP 污染物排放总量，在府河流域严格控制氯离子污染物排放总量，保障各控制断面水质均达到考核目标要求。

1. 长江中游水污染防治重点

落实长江经济带生态环境保护规划和湖北省长江经济带绿色生态廊道建设规划，加强流域水资源保护和水污染治理，确保长江干流水质达到或好于III类标准。重点解决石油化工、危险化学品生产、有色金属冶炼等重点行业，沿江工业园区及航运对饮用水安全的潜在影响。基本实现干流、支流沿线城镇污水垃圾全收集、全处理。推进长江上中游水库群联合调度。实施江湖共治，加强支流和沿江湖泊环境治理。统筹规划沿江工业与港口岸线、过江通道岸线、取排水口岸线。加强长江沿岸磷化工企业监管，严格控制 TP 污染物新增排放量，研究实施更加严格的涉磷企业污染物排放标准。实施水土保持生态清洁型小流域建设。

2. 汉江中下游水污染防治重点

充分考虑南水北调中线工程、汉江梯级开发的环境影响，优化沿岸产业布局，合理配置沿江产业发展规模。重点对汉江丹江口坝下至潜江段进行污染防治，加大对蛮河、竹皮河、通顺河、天门河、涢水、澴水、四湖总干渠、长湖等主要支流水环境污染治理力度。

3. 三峡库区水污染防治重点

重点开展 TP 污染治理，强化三峡库区上游来水及入库河流水质监测。优化涉磷产业结构，推行涉磷企业废水深度治理。加强香溪河、沮漳河和黄柏河等流域涉磷企业污染物排放控制。

4. 丹江口库区及其上游水污染防治重点

加快库区周边植被恢复，加强库区周边生态隔离带建设。泗河、神定河和犟河等入库河流开展沿岸污染源治理，确保入库河流水质达标。确保丹江口水库水质长期稳定保持在II类标准，建立良好的水源区生态环境保护体系。

7.2.3 推进水环境重点管控区工业污染治理

1. 划定湖北省水环境工业污染源重点管控区

根据湖北省省级工业园区的分布情况，可以确定湖北省水环境工业污染源重点管控区 304 个，建议对于湖北省水环境工业污染源重点管控区，应合理规划工业布局，依法实施强制性清洁生产审核。

2. 强化工业集聚区污水治理

推进工业集聚区污水处理设施整治工作，集聚区内工业废水经预处理后必须达到集中处理要求，方可进入污水集中处理设施。巩固提升《中国开发区审核公告目录》中要求的省级及以上工业集聚区（园区）集中污水处理设施和自动在线监控装置建设水平，重点督查园区规范化管理和稳定达标排放情况。

3. 加强工业污染源监管

深入推进工业污染源全面达标排放计划，对重点涉磷企业排污口进行全面清理和规范，并全部安装 TP 在线监测设备。重点开展磷肥和磷化工企业生产工艺改造，提高磷回收率。推动氮肥、合成氨等行业生产工艺提升，进一步提高氨或尿素回收率。规范化建设并严格管理磷矿采选企业尾矿库，杜绝尾矿库外排水不达标排放。推进磷石膏堆场标准化建设，强化对现有磷石膏堆场管控，合理控制石膏增量，重点督促涉磷企业完善厂区冲洗水和初期雨水收集系统，落实磷石膏渣场和尾矿库防渗、截洪和排洪措施，规范建设应急污水处理系统。

7.2.4 推进水环境重点管控区城镇生活污染源治理

1. 划定水环境城镇生活污染重点管控区

通过分析各重点控制单元内的污染源类型，可以得到以城镇生活污染为主的水环境城市生活污染重点管控单元。湖北省水环境城市生活污染源重点管控区共 12 个。建议对于湖北省水环境城市生活污染源重点管控区，应推进雨污分流管网改造，加强排水管网问题整治，推进海绵城市建设，综合整治城市黑臭水体。

2. 加快城市污水处理设施建设和改造

坚持集中与分散处理相结合的原则，加快实施《湖北省“十三五”城镇污水处理及再生利用设施建设规划》，推进全省污水处理设施向均衡发展。全省所有新建生活污水处理厂的出水排放要达到 GB 18918—2002 的一级 A 标准；生态敏感地区、水体污染严重地区、环境容量较低地区应按照受纳水体水质标准要求执行更严格的标准。敏感区域、长江干流及主要支流沿线以及水质未达标、劣Ⅴ类水体所在的汇水区域应加快完成提标改造任务。继续加大污水管网建设力度，着力提高管网覆盖率，进一步提高污水收集率。

3. 推进污泥处理处置

城镇污水处理设施产生的污泥应进行稳定化、无害化处理处置，鼓励资源化利用。污泥处置设施按照“集散结合、适度集中”的原则进行建设，合理确定本地区的污泥处置方式，规范处理处置污泥，形成规模效益。乡镇污泥处理处置设施按照县域统筹处理原则纳入污水处理设施同步建设。

建立污泥转移处置联单和台账管理制度，实行污泥从产生到处置的全过程监管，取缔非法污泥堆放点，严厉查处污泥违法倾倒行为，禁止处理处置不达标的污泥进入耕地。

4. 强化黑臭水体整治

实施黑臭水体整改销号制度，对照“一水一策”要求，结合地区实际，采取控源截污、垃圾清理、清淤疏浚、调水引流、生态修复等措施，强化黑臭水体治理力度，每半年向社会公布治理情况。分年度完成目标任务，确保2020年年底前市（州）及以上城市建成区基本消除黑臭水体，实现河面无大面积漂浮物、河岸无垃圾、无违法排污口。

7.2.5 加强水环境重点管控区农业农村面源污染防治

1. 划定水环境农业污染重点管控区

通过分析各重点控制单元内的污染源类型，可以得到以畜禽养殖、农业面源为主的水环境农业污染重点管控单元。湖北省水环境农业污染源重点管控区共27个。建议对于湖北省水环境农业污染源重点管控区，应实施农村环境综合整治，控制种养殖污染，推进“无废”乡村建设。

2. 实施农村环境综合整治

大力实施乡村振兴战略，贯彻落实《农村人居环境整治三年行动方案》。以南水北调中线工程核心水源区、汉江流域及大别山、武陵山、秦巴山及幕阜山等重点扶贫开发区域为重点，以农村垃圾、污水治理为主攻方向，推进农村环境综合整治，建立完善农村环境基础设施长效运行维护机制。

3. 控制种植业污染

继续按照“一控、两减、三基本”的目标治理农村污染。启动化肥、农药减量使用计划，实施农药监管，严格执行国家及地方有关禁限用农药、高毒农药管理规定。推广测土配方施肥技术，鼓励施用有机肥，探索建立有机肥生产施用激励机制。

4. 防治畜禽养殖污染

统筹调整优化畜牧养殖生产布局，科学制定畜禽养殖废弃物资源化利用工作方案，明确时间表和路线图。依法依规开展畜禽规模养殖环境影响评价，新（改、扩）建畜禽规模养殖场应突出资源化还田利用，需配套与养殖规模和处理工艺相适应的消纳用地并配备必要的粪污收集、贮存、处理、运输、利用设施。

5. 防治水产养殖污染

推进水产养殖污染减排，升级改造养殖池塘，改扩建工厂化循环水养殖设施，全面取缔湖泊水库围网、围栏、网箱养殖，大力推进增殖渔业，实行“人放天养”。按照不同养殖区域的生态环境状况、水体功能和水环境承载力，完成禁养区、限养区整治工作。深化水产养殖水污染治理，禁止向湖泊、水库、运河、塘堰投肥（粪）。持续优化和推广工厂化循环水、稻渔综合种养等生态养殖模式。推进水产健康养殖和精养池塘标准化改造及提档升级，支持应用节水、节能、减排型水产养殖技术示范。重点开展“湖边塘”“河边塘”治理，禁止将不达标养殖废水直接排入附近水体。

7.3 加大水生态保护力度

7.3.1 构建沿江生态廊道

1. 划定长江岸线资源管控分区

基于长江岸线保护需要及岸线保护开发定位，结合长江、汉江流域岸线资源自然基础及岸线开发利用保护现状，衔接现有相关规划内容及相关岸线管理要求，统筹考虑岸线开发利用条件和未来需求，综合确定岸线管控类型，将长江岸线划分为优先保护岸线、重点管控岸线和一般管控岸线。

2. 促进长江岸线有序开发

加强沿江各类开发建设规划和规划环评工作，完善空间准入、产业准入和环境准入的负面清单管理模式，建立健全准入标准，从严审批产生有毒有害污染物的新建和改、扩建项目。科学划定岸线功能分区边界，严格分区管理和用途管制。

3. 妥善处理江河湖泊关系

积极配合国家要求，对三峡水库、丹江口水库运行实施优化调度，加强江河湖库水量调度管理，合理安排闸坝下泄水量和泄流时段，重点保障枯水期生态基流，确保下游的生态流量。建设沿江、沿河、环湖水资源保护带、生态隔离带，积极开展河湖滨岸带拦污截污工程和长江河道崩岸治理工程，推进梁子湖流域、四湖流域、长江中游平原湖泊、汉江流域各类生态示范、试验区的创建，对整个江汉平原进行生态水网的修复和构建。

4. 强化沿江生态保护和修复

加强沿江生态保护红线保护。实施沿江湖泊湿地生态保护与修复工程，重点保护丹江口库区、梁子湖等 103 个重要湿地。推进鄂西山区山地丘陵地区坡耕地治理、退耕还林还草和岩溶地区石漠化治理，加快中东部丘陵及平原地区生态清洁小流域综合治理及退田还湖还湿工程。加大沿江天然林保护和长江防护林体系建设力度。加强长江物种及其栖息繁衍场所保护，强化自然保护区和水产种质资源保护区建设和管护。

7.3.2 强化重点生态功能区的保护和管理

1. 加强水产种质资源保护区建设

加强长江流域内国家级水产种质资源保护区、重要渔业水域及生态通道、重要鱼类产卵场、重要湿地等水域生态环境保护，重点恢复土著动植物与珍稀动植物栖息地。加强梁子湖武昌鱼等 66 个国家级水产种质资源保护区建设（截至 2019 年 6 月）。推动长江宜昌至湖口段亟待拯救的濒危物种专项救护工作。

2. 强化自然湿地保护

充实和完善以国际重要湿地、国家重要湿地、湿地公园和湿地自然保护区（小区）为主体的湿地保护体系，扩大湿地保护面积。实施典型湖泊、亚高山湿地保护和恢复工程。以长江经济带、汉江生态经济带、江汉湖泊湿地群、鄂东鄂南重要水源区、三峡库区、丹江口库区、四湖流域等区域为重点，通过实施退耕还湿、退渔还湿、植被恢复、栖息地保护、水污染防治及江河湖泊连通等工程，维护区域生物多样性，改善湿地生态，逐步恢复湿地生态功能，维护淡水资源安全。

7.4 保障用水科学安全

7.4.1 加强饮用水安全保障

1. 强化饮用水水源地环境保护

完善饮用水水源地保护区划。开展饮用水水源保护区规范化建设，水源保护区需设置明显的地理界标、警示标志及护栏围网等设施，饮用水水源一级保护区应完成物理或生物隔离设施建设。坚决关闭和取缔一级保护区内的排污口及与供水作业和保护水源无关的建设项目，禁止开展网箱养殖、旅游、餐饮等可能污染饮用水水体的活动；二级保护区内已建成排放污染物的建设项目，需责令限期拆除或者关闭。

2. 保障城乡饮用水安全

全面实行饮用水安全保障行政首长负责制，将安全饮用水保障工作纳入政府年度绩效考评内容，政府部门作为解决农村饮用水安全问题的主体，明确部门职责和管理权限，完善各级组织的责任考核制度，建立协调配合机制，确保饮用水安全工作有序开展；深入推进水务一体化体制机制改革，整合行政职能，理顺职责关系，积极推进水源地保护和水污染防治协调机制的建立；水质监测相关职能部门要加强监督管理，促进饮用水安全监测体系的建立和完善，做到水质的定期监测，并逐步推进水质状况公开透明；农村供水站均要求配备和使用加氯消毒设施，加强水源水、出厂水和管网末梢水的水质检验和监测，确保饮用水质量。

7.4.2 加强防洪除涝抗旱减灾体系建设

1. 推进山洪灾害防治

按照“以防为主、防治结合”的原则，以小流域为单元，加快推进山洪灾害防治重点区域建设。实施重点地区山洪沟防洪治理工程，继续完善山洪灾害防治非工程措施，持续开展群测群防体系建设，提高群众主动防灾避险的意识和能力，加快建成非工程措施与工程措施相结合的山洪灾害综合防治体系。

2. 提高城市防洪除涝能力

提高城市的泄洪排水能力，加强对大中城市河湖、湿地、坑塘等自然水体形态的保护和恢复，因势利导改造渠化河道，恢复并保持河湖水系的自然连通，构建城市良性水循环系统，保障城市排水出路畅通；加快城市防洪除涝设施建设，综合考虑河湖调节、滞蓄、外排等综合措施，完善堤防、涵闸、泵站、蓄滞洪区等城市水利基础设施网络，加快雨污分流管网改造，加大河湖综合治理力度，增强雨洪调蓄能力，着力解决城市内涝问题；加强城市气象和水文信息监测和预警系统建设，提高对暴雨、洪水预测预报的时效性和准确率；完善防洪和排涝应急预案，加强城市内涝和洪水风险管理，增强群众防灾避灾意识，最大限度地减轻灾害损失；推进海绵型城市试点建设，以城市河湖水系和水利工程为依托，协同其他市政建设措施，加强对城市河湖、湿地、沟渠、蓄洪洼淀等自然水域岸线的用途管制，完善城市吸水、蓄水、排水、净水和释水功能，增强城市水安全保障能力。

3. 加强洪水风险管理和调度

推动洪水影响评价制度建设，城市建设、居民点和工矿企业选址要开展洪水灾害风险评估，科学安排风险区域生产和生活设施，合理避让、降低风险。根据城镇化发展情况，进一步修订防洪预案，完善不同洪水风险区域居民避洪安置方案，形成完备的防汛应急管理制度；组织制定山洪灾害防御方案，保障人民生命财产安全；做好洪泛区、蓄滞洪区内非防洪建设项目的洪水影响评价工作；编制完善主要江河防御洪水方案和洪水调度方案，以及重点防洪区域洪水风险图，明确洪水风险管理目标并强化相应措施，完善防洪减灾预案。强化汛情预测预报，健全预警发布服务体系。

4. 推进海绵型城市试点建设

以城市河湖水系和水利工程为依托，协同其他市政建设措施，加强对城市河湖、湿地、沟渠、蓄洪洼淀等自然水域岸线的用途管制，完善城市吸水、蓄水、排水、净水和释水功能，增强城市水安全保障能力。在城市发展中，要坚持城市防洪排涝体系发展与城市总体发展相适应，把防洪安全作为城市发展的前提和保障。加强城市防洪排涝工程设施建设，提高城市防洪排涝能力，牢固树立自然灾害的风险观，不断完善非工程措施建设，多措并举保障城市水安全。

7.4.3 建设节水型社会

以水资源承载力为刚性约束，落实以水定产、以水定城的方针，以用水方式转变倒逼产业结构调整和区域经济布局优化，以水资源可持续利用支撑经济社会可持续发展，推进农业灌溉技术革新，加快灌区续建配套与节水改造工程建设，完善农业高效节水体系。健全用水单位重点监控名录，实行定额管理，加强重点大中型企业节水技术改造。加快城镇供水管网改造和城镇污水处理回用设施建设。积极推广节水型生活用水器具，建立落后工艺、设备产品淘汰制度，加快节水型服务业发展。

7.4.4　促进“人水和谐”

积极开展省级水生态文明建设试点。开展城市城区河道湖泊整治和景观提升，实施碧水工程。开展城市内湖、城区河段的水生态保护与修复，建成岸绿景美的城市沿河滨湖空间。实施水利血防综合治理工程，加强荆州、仙桃、天门、潜江等市血吸虫病重疫区的河道沟渠整治，对灌区有螺环境开展重点治理。

7.5　开展水经济、水文化建设

7.5.1　大力发展现代水经济

1. 着力发展亲水产业

推动落实“一芯两带三区”绿色发展战略，打造以长江经济带、汉江生态经济带为依托的产业发展带，持续推进“三线一单”的编制和落地。开辟绿色通道，继续推动重大项目环境影响评价工作；实施重污染行业达标排放改造，推进强制性清洁生产审核，严格区域产业准入，大力发展生态环保产业，推动重点区域实现绿色发展；大力发展战略性新兴产业，持续推进长江绿色经济和创新驱动发展带、汉孝随襄十制造业高质量发展带的产业布局优化调整；推动鄂西绿色发展示范区、江汉平原振兴发展示范区、鄂东转型发展示范区竞相发展，形成全省东、中、西三大片区高质量发展的战略纵深。

2. 推进绿色水能资源开发

在统一规划的基础上，统筹兼顾上下游、左右岸及有关地区之间的利益和防洪、饮水、灌溉、航运和渔业等方面的需求，在保证生态安全、供水安全的前提下，充分挖掘水能资源利用潜力，提高水能资源利用效率。重点推进汉江、清江、溇水及其他中小河流水能资源开发，在有条件的地方兴建大中型水电站以及小型水电站。

7.5.2 着力加强水文化建设

1. 大力推进水文化风景区创建

以湖北省主要河流、水库、湖泊和大中型水利工程为抓手，结合江河湖库水系连通、水资源保护等重点工程，打造一批工程安全有保障、生态环境效益显著、人居环境改善明显、水科普文化特色鲜明的国家级和省级水文化风景区。

2. 加强水文化宣传教育

加强水生态文明试点建设，继续推进武汉市、襄阳市、鄂州市、咸宁市、潜江市等国家级水生态文明城市建设试点工作，以及荆门市东宝区、宜都市等 13 个省级试点县（市、区）的水生态文明建设工作。通过宣传教育、水景观建设等多种形式传播水文化。

7.6 提高水环境管理能力

7.6.1 加强水环境管理立法

1. 完善水环境管理法规体系

持续推进《湖北省长江生态环境保护条例》《湖北省清江水环境保护条例》的立法工作；积极开展《湖北省汉江流域水环境保护条例》的修订工作；抓紧制定、修改和完善自然资源资产产权、江河湖泊水库保护、生态环境损害赔偿、城市环境管理、流域生态补偿和排污许可证管理等方面的规范性文件。

2. 全面推进水环境综合执法

建立严格监管所有污染物排放的水环境保护管理制度；建立生态环境部门对全省水环境保护工作统一监管执法的工作机制，明确其他负有环境监管职能部门的监管责任，完善水环境保护监管执法体制；推进省以下环保机构监测监察执法垂直管理；实行环境监管网格化管理，实现环境管理无死角、监察无盲区、监测无空白；加强各级环境监管执法队伍和执法能力建设，加强环境监测、环境监察、环境应急等专业技术培训，严格落实执法、监测等人员持证上岗制度；统筹配备各级环境监管执法力量，在具备条件的乡镇（街道）及工业集聚区配备必要的环境监管力量。

3. 持续开展水环境法制宣传教育

充分发挥报刊、广播、电视、网络、板报、橱窗等宣传阵地的作用，利用法制讲座、法律知识竞赛、法律咨询、法制手册发放等手段，广泛开展主题鲜明、形式多样的水环境保护法制宣传教育，多形式、多渠道地把水环境保护法律法规宣传教育推向深入，使广大公民受到形象生动的水环境保护法制宣传教育。

7.6.2 理顺水环境管理体制

1. 实施河（湖、库）长制管理职能

健全完善河（湖、库）长履职、资金投入、项目整合、部门联动、考核奖惩等相关配套制度，研究完善河（湖、库）长制组织体系、考核评价体系和技术支撑体系，为见河长、见行动、见成效提供坚实保障；加快建设河（湖、库）长制信息管理平台、河（湖、库）预警监测平台、社会监督平台和联合执法平台，大力开展河（湖、库）水域空间管控标准化建设、河（湖、库）监测能力标准化建设、河（湖、库）管护保洁标准化建设，从软件和硬件两个方面提升河（湖、库）生态修复能力和相关人员履职水平，确保河（湖、库）有人管、管得住、管得好。

2. 全面实施流域生态补偿

加快形成生态损害者赔偿、受益者付费、保护者得到合理补偿的流域生态补偿运行机制；完善转移支付制度，归并和规范现有生态保护补偿渠道，加大对重点生态功能区的转移支付力度；全面开展环境空气质量生态补偿，建立地区间横向生态保护补偿机制和跨界断面水环境质量生态补偿机制；构建独立公正的生态环境损害评估制度。

3．积极推进环境损害赔偿改革

根据国家关于生态环境损害赔偿制度改革试点工作的相关要求，结合湖北省实际，制定《湖北省生态环境损害赔偿制度改革试点方案》（暂定名），明确赔偿权利人、义务主体、赔偿程序、保障措施等，将方案按程序报湖北省委、省政府印发实施。组织赴贵州省、重庆市等国家试点省（市）调研，学习借鉴好的做法和先进经验，制定湖北省生态环境损害赔偿制度改革试点工作实施方案及工作计划，启动相关配套制度、技术规范和法律文书制定的研究工作，为深入推进生态环境损害赔偿制度改革提供保证。

4．大力推行环保督察制度

推动建立全省中央环保督察整改常态化工作机制，严格落实定期调度、督查督办、整改销号等工作机制，按季度召开整改攻坚交账会，对中央生态环境保护督察整改工作情况开展现场抽查和省级“回头看”，确保年度整改任务达到整改序时进度要求，严防问题反弹，确保整改成果长效保持；深入推进中央生态环境保护督察反馈问题整改，确保整改任务达到序时进度要求；进一步巩固整治成效，及时总结先进经验，促进整改成果长效保持；建立省级环保督政体系，完善督察、交办、巡查、约谈机制，开展省级生态环境保护督察。

5．加快推进环保垂直管理制度改革

持续推进省以下环保机构监测监察执法垂直管理制度改革，出台相关配套文件，强化对地方环保机构监测监察执法垂直管理制度改革工作的指导，确保各项工作顺利完成。系统推进生态环境保护综合行政执法改革，出台湖北省生态环境保护综合行政执法改革实施方案，制定生态环境责

任清单、综合执法权力和责任清单，推进省、市、县三级综合执法队伍组建（图 7-1）。

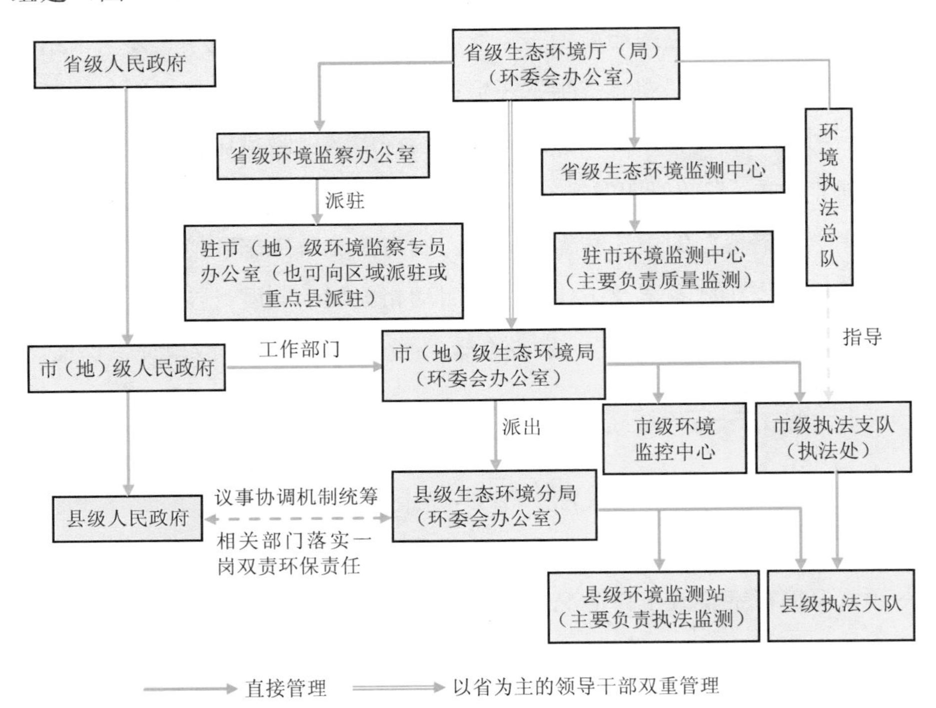

图 7-1 湖北省环保垂直管理制度改革示意

6. 完善公众监督和参与机制

充分发挥媒体（广播、电视、报纸、网络）的作用，利用舆论监督促进水行政主管部门依法行政；充分发挥第三方评估决策机构在外部评估考核中的重要作用，利用第三方学术性中介组织的专业化水平，在政府委托下对政府机构的水环境管理绩效进行测评，保障评估结果的公正性。建立各种有效的公众监督和参与机制，包括环保评估、环境监测环节的听证制度、信息公开制度、咨询会、信访举报制度等。同时，在现有法律中增加程序性立法，特别是在听证制度中要明确信息披露、意见表达和政府回复的具体规定。加强公众参与重要性方面的宣传，提高广大公众积极参与流域水环境管理问责的积极性和责任感，加强对流域所辖省区政府与企业的监督。

7.6.3　加强水环境管理能力

1. 不断提高环境监管大数据的利用水平

继续以水环境管理信息资源深度开发和业务系统协同应用为主线，以物联网、云计算、大数据、移动互联网技术为支撑，推动全过程智能化水环境管理系统建设。依托国家有关重点项目，实现水情、雨情、工情、墒情、水量、水质自动采集及重点涉水工程视频监视。充分利用"楚天云"和"长江云"环境资源，实施水环境管理数据资源整合与共享工程，建成水环境管理业务主体数据库、基础空间数据库、国家水文数据库湖北节点库和数据交换共享平台。全面推进水政监察监视系统、江河湖泊岸线监测与保护系统、农村水利管理系统、水环境水生态监测与评估系统建设。提档升级防汛抗旱指挥系统、洪水调度系统、水资源监控系统、水土保持信息管理系统、水库湖泊信息管理系统、农村饮用水安全信息管理系统。建立可靠的信息网络安全防护系统，组建专业的系统运行维护管理队伍，全面提高信息安全保障能力。

2. 加强水行政执法装备能力建设

推进重点水域水行政监察船、执法码头、执法趸船等基础设施建设，加强水行政执法队伍基础设施和执法装备建设，建立适应履行水上执法职责要求的设施体系。加强长江及汉江采砂管理执法基地的能力建设，加大市、县级河道采砂管理执法基地建设力度。建立长江河道采砂管理视频监控系统，加强对长江荆州、武汉、鄂州等 7 个沿江市，2 个省管基地，24 个集中停靠点，17 个规划可开采区和 36 个监管重点（偷采敏感点）等水域河道采砂的视频监控管理。

3. 加强水环境管理人才队伍建设

吸引高素质人才参与水环境管理，健全人才向基层流动、向艰苦地区和岗位流动、在水环境保护一线创业的激励机制。创新水环境管理人才的培养开发、考核评价、选拔使用、激励保障和引进等工作机制。大力推进水环境监察队伍建设，建立一支职能科学、权责法定、执法严明、公开公正、守法诚信的水行政执法队伍。加强职业教育，建立水环境保护行业职工技能培训长效机制，针对党政人才、专业技术人才、工勤技能人才和经营管理人才分类实施培训，提高水行政执法人员依法管水、科学治水的能力。健全水环境管理高端科技人才引进培养机制和水环境管理科技资源平台共享机制。

4. 加强水环境突发事件应急管理能力建设

统筹建立涵盖水旱灾害及次生水旱灾害、水事纠纷突发事件、水环境污染事故等公共突发事件的应急管理体系。加强应急队伍和仓储设施建设，整合防汛机动抢险队、抗旱服务队、物资仓库，提升涉水公共突发事件的应急管理能力。

主要参考文献

[1] 刘志安. 原州区全面推进节水型社会建设[J]. 农民致富之友，2017（23）：57.

[2] 唐越. 机构改革背景下成都节水管理问题及对策研究[D]. 成都：西南交通大学，2019.

[3] 韩鹏，赵瑞霞，储昊. 漳河上游水资源管理现状问题浅析及对策建议[J]. 海河水利，2018（3）：8-9，11.

[4] 张宇飞，熊炳桥，邵玮，等. 湖北汉江生态廊道建设研究[J]. 中国工程咨询，2018（4）：27-31.

[5] 田英，赵钟楠，黄火键，等. 中国水资源风险状况与防控策略研究[J]. 中国水利，2018（5）：7-9，31.

[6] 杨中惠. 流域规划环评中“三线一单”的制定及对单项工程的指导意义[J]. 低碳世界，2018（7）：38-39.

[7] 李晖. 浅谈仪扬河水质现状及改善建议[J]. 青海环境，2017，27（3）：122-125.

[8] 国务院办公厅关于加快推进畜禽养殖废弃物资源化利用的意见[J]. 中华人民共和国国务院公报，2017（18）：11-14.

[9] 关于印发《全国农业可持续发展规划（2015—2030年）》的通知[J]. 中华人民共和国农业部公报，2015（6）：4-16.

[10] 国务院关于依托黄金水道推动长江经济带发展的指导意见[J]. 中国水运，2014（10）：15-20.

[11] 刘雅鸣. 全面贯彻落实党的十八届五中全会精神奋力推进治江事业新发展——在

2016 年长江水利委员会工作会议上的报告[J]. 人民长江，2016，47（4）：1-8.

[12] 岳彩英. 加强农村饮用水水源地保护保障村民饮水安全[J]. 环境与发展，2017，29（2）：118-122.

[13] 郭丽娜，刘艳丽. 浅谈我国农村饮水安全存在的问题及对策[J]. 城市建设理论研究，2015（35）：2403.

[14] 李干杰. 深入贯彻习近平生态文明思想　以生态环境保护优异成绩迎接新中国成立 70 周年——在 2019 年全国生态环境保护工作会议上的讲话[EB/OL]. [2019-01-18]. https：//jjjcz.mee.gov.cn/gzdt/201902/t20190220692953.html.

[15] 湖北省政府工作报告——二〇一九年一月十四日在湖北省第十三届人民代表大会第二次会议上[J]. 湖北省人民政府公报，2019（4）：3-13.

[16] 湖北省人民政府关于加强水能资源开发利用管理的意见[J]. 湖北省人民政府公报，2006（5）：42-45.

[17] 湖北省水产局. 湖北省水产局印发湖北省水生生物多样性保护实施方案[EB/OL]. [2018-05-16]. http：//www. shuichan. cc/news_view-359346. html.